国家出版基金项目
NATIONAL PUBLICATION FOUNDATION

生态文明丛书
Series of Books of Ecological Civilization

生态思维：
生态文明的思维方式

余谋昌　著

北京出版集团
北京出版社

图书在版编目（CIP）数据

生态思维：生态文明的思维方式／余谋昌著. —
北京：北京出版社，2020.4
（生态文明丛书）
ISBN 978 - 7 - 200 - 14055 - 2

Ⅰ. ①生… Ⅱ. ①余… Ⅲ. ①生态文明—研究—中国
Ⅳ. ①X321. 2

中国版本图书馆 CIP 数据核字（2018）第 085240 号

生态文明丛书
生态思维：生态文明的思维方式
SHENGTAI SIWEI：SHENGTAI WENMING DE SIWEI FANGSHI
余谋昌　著

*
北 京 出 版 集 团
北 京 出 版 社 出版
（北京北三环中路 6 号）
邮政编码：100120

网　　　址：www. bph. com. cn
北 京 出 版 集 团 总 发 行
新 华 书 店 经 销
北京虎彩文化传播有限公司印刷
*
787 毫米×1092 毫米　16 开本　15.5 印张　218 千字
2020 年 4 月第 1 版　2020 年 4 月第 1 次印刷
ISBN 978 - 7 - 200 - 14055 - 2
定价：89.00 元
如有印装质量问题，由本社负责调换
质量监督电话：010 - 58572393

总　序

　　文明是人类在社会发展中创造的物质和精神成果的总和。在漫长的历史长河中，人类不断调整和探索人与人、人与自然的相互关系，表现出不同历史阶段文明的特点。在大约250万年前的原始文明时期，人类的物质生产活动主要靠简单的采集和渔猎，人与人、人与自然之间维持着朴素的、原始的共生关系。到了农业文明阶段，铁器的出现以及栽培技术不断改进，使人类的生产和改变自然的能力产生了质的飞跃，人类对环境的干扰也逐步加剧，但整体上人与自然之间维持着相对平衡的状态。18世纪的英国工业革命开启了人类工业文明时代，人类利用与改造自然的能力空前提升，创造了前所未有的巨大物质财富，同时也对自然环境造成了严重破坏，引发了生物多样性急剧丧失、资源大量消耗、水土流失以及气候变化等一系列环境问题与生态危机，给人类生存与发展带来了巨大的挑战，引发了全世界深刻的反思。从20世纪60年代蕾切尔·卡逊的《寂静的春天》出版到70年代联合国召开人类环境会议发表"人类环境宣言"，从20世纪90年代召开的以《21世纪行动议程》为标志的联合国环境与发展大会到2002年在约翰内斯堡召开的"里约＋10"会议，我们可以清楚看到人类探求可持续发展理念与生态文明建设思想的轨迹。

　　我国历史源远流长，5000年前，伟大的中华民族就已进入了农业文明时代，我国长期的农耕文化所形成的天人合一、相生相克、阴阳五行等哲学思想就包含着深刻的生态思想，勤劳睿智的劳动人民凭借着多样的自然条件创造了辉煌的农业文明。早在明朝万历年间（1573—1620）我国的经济总量就占世界 GDP 的 80%。英国工业革命推动了西方工业化国家的迅速崛起，而我国未能及时实现农业文明向工业文明的"道路转换"。1949 年新中国成立初期，中国经济总量仅占世界 GDP 的 5%。改革开放以来，我国快速实现了工业化，取得世界上工业化国家数百年才能实现的成就，并跻身于世界工业化国家之林。不过我们也必须承认，我国工业化快速发展的同时也带来了一系列严重的生态环境问题和挑战，人们开始思考人与自然和谐相处之道。

1995 年 9 月，党的十四届五中全会将可持续发展战略纳入"九五"计划及 2010 年中长期国民经济和社会发展计划，并明确提出"必须把社会全面发展放在重要战略地位，实现经济与社会相互协调和可持续发展"。进入 21 世纪后，人们对可持续发展的认识不断提高，在党的十六大报告中把建设生态良好的文明社会列为全面建设小康社会的四大目标之一；党的十六届三中全会在总结以往经验的基础上又提出了包括统筹人与自然和谐发展的科学发展观，使我们对生态文明的认识又上升到一个新的高度。2012 年，党的十八大制定了"大力推进生态文明建设"战略，把生态文明建设纳入我国社会主义建设的"五位一体"总体布局，并融入和贯串在经济建设、政治建设、文化建设和社会建设的各方面与全过程，中国人民从此开启了生态文明建设的伟大实践。

生态文明是以人与自然、人与人、人与社会和谐共生、良性循环、全面发展、持续繁荣为基本宗旨的新的社会形态，是人类文明的一种新的高级形式。生态文明遵循的是可持续发展原则，树立人和自然的平等观，把发展与生态保护紧密联系起来，在保护生态环境的前提下发展，在发展的基础上改善生态环境，实现人类与自然的协调发展。因此，生态文明的核心是实现人与自然的和谐发展。它既继承了中华民族的优良传统，又反映了人类文明的发展方向。培育和建设生态文明，并不是人类消极地回归自然，而是积极地与自然实现和谐，最大限度地实现人类自身的利益。

　　生态文明建设是党对新形势下社会主义市场经济规律和全面建设小康社会奋斗目标在认识上不断深化的结果，与科学发展观、建设和谐社会理念相一致，指导当代中国特色社会主义伟大实践。2015 年 4 月，中共中央、国务院颁布《关于加快推进生态文明建设的意见》，对加快推进我国生态文明建设提出了系统规划和具体要求。9 月，审议通过了《生态文明体制改革总体方案》，将生态文明体制改革作为全面深化改革的重要一环，推出了生态文明领域改革的顶层设计，并要求树立"绿水青山就是金山银山"等六大理念，开展生态文明建设实践。而刚刚召开的党的十九大再次强调："建设生态文明是中华民族永续发展的千年大计。"因此，率先开展生态文明建设是中国人民的伟大创举，必将引领世界文明史的新征程。

　　为全面贯彻《关于加快推进生态文明建设的意见》指示精神，结合我国具体实际，加强生态文明基础理论研究和生态文化建设，构建系统、完整的生态文明思想、理论和文化体系，北京出版集团组织生态哲学、生态经济学、生态文化学、生态社会学、生态法学、生态文学、生态美学 7 个领域的著名专家撰写了"生态文明丛书"，能为我国生态文明建设和生态文化繁荣提供重要支撑，是一项具有重要理论价值和实际意义的工作。"生态文明丛书"的出版，必将为我国建设生态文明的伟大事业做出重要的贡献！

中国工程院院士　李文华

2017 年 11 月 1 日

前　言

所有人都以一定的观点思考，形成一定的思考问题的习惯，即思维方式。在人类社会的发展过程中，每一个新时代都会产生新的思维方式。我们正在迎来从工业文明向生态文明转变的新时代。生态思维是生态文明时代的思维。

什么是生态思维？它是以生态学的整体性观点思考问题的思维方式，又称"生态学方法"。1980 年，笔者翻译了苏联科学院院士、著名地理学家格拉西莫夫教授的《现代生态学中的方法论问题》一文。[①] 他指出，"把生态学解释为除系统方法和控制论方法外，研究自然和社会的各种对象的专门的一般科学方法要正确一些。生态学方法的目的是揭示科学研究对象和它周围环境之间存在的联系"。在这里，"生态学不是指一门科学，而是一种观点，一种特殊的方法。它研究生命和环境，包括人类社会和人类活动的所有问题的规律性"。他说："生态学方法在科学技术革命时代具有特殊现实性。因此，'生态学方法'这一术语在这里应该从'科学认识的生态学途径'或'科学的生态学思维'的广义方面去理解。"

自 20 世纪中叶确定生态哲学的学术方向以来，笔者把环境问题作为一个科学问题，开展环境问题的哲学和伦理学研究。40 多年来，笔

---

① 原文发表于苏联《哲学问题》1978 年第 11 期，译文发表于《环境科学情报资料》1980 年第 11 辑，余谋昌译，姜象鲤校。

者对环境问题进行生态学思考，在我国学术界首先提出生态哲学和生态伦理学的主要概念和初步理论框架，出版和发表了环境哲学、生态哲学和生态伦理学领域的 20 种著作和数百篇论文，为建构这一新的学科做了一些工作。应该说，这是笔者对环境问题进行生态学思考的成果。

《自然科学与伦理学》（1980，论文）第一次提出"生态伦理学"概念。

《生态学方法是环境科学的重要方法》（1981，论文）第一次提出"工业生态学"概念。

《生态观与生态方法》（1982，论文）第一次提出创造"生态工艺"这一工业生产方式转变概念。

《仿圈学的意义和任务》（1982，论文）第一次提出学习自然界智慧的"仿圈学"概念。

《生态学中的价值概念》（1985，论文）第一次提出自然资源有经济价值的"自然价值"观点。

《建筑的生态设计》（1985，论文）第一次提出把"生态"纳入建筑设计的"环境建筑"概念。

《重新评地理环境决定论》（1986，论文）第一次提出为"环境决定论"翻案。

《生态文化问题》（1986，论文）第一次提出发展"生态文化"，建设生态文明社会。

《生态伦理学——从理论走向实践》（1999，专著）提出一种新的伦理学框架。

《生态哲学》（2000，专著）提出一种新的哲学框架。

《生态安全》（2006，专著）第一次提出新安全观——生态安全观的概念和理论体系。

《环境哲学：生态文明的理论基础》（2010，专著）提出"人与自然和谐"是建设生态文明的哲学基础。

现在，人类正在迎来新时代——从工业文明走向生态文明的时代。新时代需要新思维。工业文明时代，人类主要遵循人与自然主—客二分哲学，实行还原论分析思维。这是一种线性非循环思维。生态文明时代，人类需要人与自然和谐的哲学，进行生态整体性思维。这是一种非线性循环思维。

依据生态哲学观点，应用生态整体性思维，有利于我们认识当今新时代，以及新时代的使命。

美国前总统奥巴马主导制定TPP（跨太平洋伙伴关系协议，又称"经济北约"），试图把中国排除在外，他说："要由美国人制定规则，不能由中国人制定规则。"2017年特朗普成为美国总统后，宣布退出TPP。但是，他的美国全球大战略仍然是按工业文明时代的世界规则，视中国为最大的威胁，不断加大阻遏中国发展的力度。

当今时代，是从工业文明向生态文明发展的新时代。美国是世界工业化最先进的国家，美国制定了工业文明时代的"世界规则"。但是，人类新时代会有新的规则。由于工业文明的"道路惯性"，美国没有率先走上建设生态文明的道路。

中国人民顺应世界新时代潮流，独辟蹊径，在世界上率先走上建设生态文明的道路。2012年，党的十八大提出"大力推进生态文明建设"，把生态文明建设深刻融入和全面贯穿经济建设、政治建设、文化建设和社会建设的"五位一体"总体布局。2015年3月，中共中央政治局召开会议，审议通过《关于加快推进生态文明建设的意见》，大力推进生态文明建设。在中国共产党的领导下，建设生态文明已成为全国人民的伟大实践。

2017年，习近平总书记在党的十九大报告中指出，中国特色社会主义进入新时代。他说，5年来，我们统筹推进"五位一体"总体布局，全面开创新局面，生态文明建设成效显著：大力度推进生态文明建设，全党全国贯彻绿色发展理念的自觉性和主动性显著增强，忽视生态环境保护的状况明显改变；生态文明制度体系加快形成，主体功能区制度逐步健全，国家公园体制试点积极推进；全面节约资源有效推进，能源资源消耗强度大幅下降；重大生态保护和修复工程进展顺利，森林覆盖率持续提高；生态环境治理明显加强，环境状况得到改善；引导应对气候变化国际合作，成为全球生态文明建设的重要参与者、贡献者、引领者。中华民族正以崭新的姿态屹立于世界的东方，日益走近世界舞台的中央，为人类做出更大的贡献。

在习近平新时代中国特色社会主义思想指导下，中国人民高举生态文明的伟大旗帜，在世界上率先走上建设生态文明的道路。这是中华民族的伟大创举。它不仅关系全国人民福祉，关乎中华民族未来，事关"两个一百年"奋斗目标，实现中华民族伟大复兴；而且，它关乎人类的未来，关乎未来生态文明时代"世界规则"的制定。中国人民以建设生态文明引领世界的未来，将制定生态文明时代的世界规则，或生态文明时代的世界话语体系。这是中华民族对人类的又一个新的伟大贡献。

习近平主席说："我国哲学社会科学应该以我们正在做的事情为中心。"生态文明，是在当下伟大的新时代建设人类前所未有的伟大事业以及研究建设这个伟大事业的新思维。这是我们的责任，中国学术工作者的责任。中国社会科学院老年科研基金项目《生态思维：生态文明的思维方式》研究工业文明思维方式的主要特点、成就和问题，以及它的转变的必要性，创建人类新思维——生态整体性思维。这是生态文明理论的基础性研究，希望为落实党的大力推进生态文明建设战略和决定服务，助推中国人民建设生态文明的伟大实践。这是我们的初衷。

目　录

第一章　生态哲学：生态文明的
理论基础

我们正在迎来人类新时代——生态文明时代。习近平指出："历史表明，社会大变革的时代，一定是哲学社会科学大发展的时代。当代中国正经历着我国历史上最为广泛而深刻的社会变革，也正在进行着人类历史上最为宏大而独特的实践创新。这种前无古人的伟大实践，必将给理论创造、学术繁荣提供强大动力和广阔空间。这是一个需要理论而且一定能够产生理论的时代，这是一个需要思想而且一定能够产生思想的时代。"2012 年，党的十八大制定了"大力推进生态文明建设"战略，生态文明建设深刻融入和全面贯穿经济建设、政治建设、文化建设和社会建设的"五位一体"总体布局。实施这一战略，中国人民将在世界上率先走上建设生态文明的道路，开启中国新世纪，进入人类文明新时代。这是中国人民的伟大创举。新时代需要新的哲学。从工业文明时代"人统治自然"的哲学到生态文明时代"人与自然统一"的哲学，或从"人与自然主—客二分"的哲学到"人与自然和谐"的哲学，这是基础理论的创新和超越，是新的哲学范式的产生。

第一节　超越现代主—客二分哲学

现代哲学是人与自然的主—客二分哲学。它认为，人是主体，而且只有人是主体；人以外的生命和自然界是客体，是人认识、利用和改造的对象。它认为，人是主体，是存在主体、价值主体和认识主体，因而具有主体性，即人具有目的性、主动性、自觉性、创造性、认识能力和智慧。这是人的内在价值。生命和自然界是客体，是人认识、利用和改造的对象，它没有主体性，即没有目的性、主动性、自觉性、创造性、认识能力和智慧。它没有内在价值。人们高举主—客二分哲学的伟大旗帜，弘扬人的主体性的伟大力量，战天斗地发展生产，取得工业文明的伟大成就。但是，在这一伟大成就达到历史最高水平的 20 世纪下半叶至 21 世纪初，全球性生态危机和全球性社会危机全面凸现，从而引发了一场伟大的世界环境保护运动，并推动了一种新的哲学范式——生态哲学的产生。

一、主—客二分哲学是人类认识的伟大成就

现代主—客二分哲学，产生于 16—18 世纪。这是科学技术革命和世界工业化取得伟大胜利的时代。一批伟大的思想家在总结这些胜利和经验的基础上，创造了代表这个时代精神的哲学思想。恩格斯指出："在从笛卡儿到黑格尔和从霍布斯到费尔巴哈这一长时期内，推动哲学家前进的，决不像他们所想象的那样，只是纯粹思想的力量。恰恰相反，真正推动他们前进的，主要是自然科学和工业的强大而日益迅猛的进步。在唯物主义者那里，这已经是一目了然的了。"[①] 这种哲学作为一种世界观，以二元论和还原论为主要特征。它试图用力学规律解释一切自然和社会现象。它的创立者笛卡儿和伟大物理学家牛顿是主要代表人物，因而又称为"牛顿—笛卡儿世界观"。

牛顿—笛卡儿世界观主要特征

笛卡儿提出一个重要命题："我思故我在。"它提高人的自我意识，张扬了人的主体性。笛卡儿是二元论主—客二分哲学的创立者。他认为，存在两种独立存在、互不相关的实体——物质实体和精神实体（观念实体）；物质世界的运动按力学规律进行，可以把它归结为小粒子、原子的简单位

---

① 《马克思恩格斯选集》第四卷，人民出版社 1972 年版，第 222 页。

置移动。马克思指出："笛卡儿在其物理学中认为，物质具有独立的创造力，并把机械运动看作是物质生命的表现……在他的物理学的范围内，物质是唯一的实体，是存在和认识的唯一根据。"①

这种哲学以力学规律解释一切自然和社会现象，因而又称为"机械论世界观"。它把各种各样不同质的过程和现象——物理的和化学的，乃至生物的、心理的和社会的等现象，都看成是机械的。它认为运动不是一般的变化，而是由外部作用，即物体相互冲撞所引起的物体在空间的机械移动。它否认事物运动的内部源泉，质变、发展的飞跃性以及从低级到高级、从简单到复杂的发展过程。

机械论的世界图式，正如它的代表人物笛卡儿生动描述的那样，世界是一台机器，它是由可以相互分割的构件构成的机械系统，所有构件还可以分割为更基本的构件，因而世界没有目的，没有生命，没有精神。他的《哲学原理》（1644）一书把宇宙看成一个机械装置，这个装置依靠机械运动，通过因果过程连续地从一个部分传到另一个部分，使惰性粒子位移。产生运动的力不是某种有活力、有生命力的或内在于物体之中的力，而是物质以外的力。力可以在物体之间传输，但它的总量被"神"维持恒定。变化通过惰性粒子的重新安排发生。这样，所有的精神都有效地从自然界中清除出去。外部对象只是由数量构成：广延、形状、运动及量值。神秘的特性和性质只存在于上帝和心灵中。正如他所说："神建立了自然中的数学法则，就像国王在他的王国中颁布法律一样。"②

美国学者麦茜特概括了机械论的世界图式，即对存在、知识和方法的看法。机械论的世界图式有5项预设：

（1）物质由粒子组成（本体论预设）；

（2）宇宙是一种自然的秩序（同一原理）；

（3）知识和信息可以从自然界中抽象出来（境域无关预设）；

① 《马克思恩格斯全集》第二卷，人民出版社1957年版，第160页。
② 卡洛琳·麦茜特：《自然之死——妇女、生态和科学革命》，吉林人民出版社1999年版，第224~225页。

（4）问题可以分析成能用数学来处理的部分（方法论预设）；

（5）感觉材料是分立的（认识论预设）。

笛卡儿哲学是物质—心灵二元论。卡洛琳·麦茜特指出："在这5个关于实在的预设的基础上，自17世纪以来的科学被普遍地看作是客观的、价值中立的、境域无关的关于外部世界的知识。"她说："这些预设完全同机器的另一个特性——控制和统治自然的可能性相容。"它成为科学技术发展、工业和政府决策的指导。这样，"关于存在、知识和方法的预设使人类操纵和控制自然成为可能"。[①]

依据以上的分析，我们可以把这种世界观的特点概述如下：

（1）现代哲学关于存在的看法是二元论的，心—元，或人—自然、主—客二元分离和对立。它强调人与自然的本质区别，人独立于自然界，而不是自然界的一部分；自然界独立于人，它单独存在，是不以人的意志为转移的。因而，它否认人与自然关系的相互联系、相互作用、相互依赖、相互制约这样重要的性质。

（2）现代哲学的认识论是还原主义的、消极的反映论。它在把世界预设为一台机器时，认为这台机器可以还原为它的基本构件；在人与自然的二元对立中，强调自然事物独立于人的客观性，认为它是不以人的意志为转移的；人对世界的认识是消极地对事物的反映。它的认识论的预设是：感觉材料是分立的，人对世界的认识，只有把事物还原为它的各种部件，并分别认识这些部件，人对世界的认识才是可能的。

（3）现代哲学的方法论是分析主义的。笛卡儿说："以最简单最一般的（规定）开始，让我们发现的每一条真理作为帮助我们寻找其他真理的规则。"霍布斯说："因为对每一件事，最好的理解是从结构上理解。因为就像钟表或一些小机件一样，轮子的质料、形状和运动除了把它拆开，查看它的各部分，便不能得到很好的了解。"因而，它以分析性思维作为人

---

① 卡洛琳·麦茜特：《自然之死——妇女、生态和科学革命》，吉林人民出版社1999年版，第249~250页。

的主要思维方式，在思考问题时强调对部分的认识，所谓"用孤立、静止、片面的观点看问题"，认为认识了部分，找出哪一部分是主要矛盾，一切问题也就迎刃而解了。

（4）在价值论上，现代哲学只承认人的价值，不承认自然价值。因为宇宙是一台机器，它没有目的、没有生命、没有精神，是死气沉沉的、毫无生气的、没有主动性的，因而是没有价值的。只有人有目的、生命和精神，因而人为了自己的目的，可以控制、支配和主宰自然。

在这里，正如麦茜特指出的（按笛卡儿的方法），设想问题可以分解为各个部分，部分还可以分解为更基本的部分，而且可以通过从复杂的环境关系中抽象而简化，从而准确地表达了她的方法论的 4 项预设（4 条逻辑规定）：

（1）仅把清楚而明显的以至不能有任何怀疑的给予者接受为真的；

（2）把每个问题分解成为解决它所需要数量的部分；

（3）从最简单、最易理解的对象开始，然后逐渐进到最复杂的对象，抽象和独立于境域；

（4）为使评述更普遍、更完全，不应遗漏任何事情。

麦茜特说："根据笛卡儿的见解，这个方法是征服自然的关键，因为这些被几何学家使用的推理方法'促使我们想象，所有在人的认识能力之下的事情都可能以同样的方式相互关联'。遵循这种方法，就不会存在遥远得使我们不能达到的事情，或隐秘得使我们不能发现的事情。"①

这是牛顿—笛卡儿世界观的主要观点。在它指导工业革命以来的 200 多年里，既是人类取得科学技术进步和工业化伟大胜利的哲学基础，又是人类掠夺自然、主宰和统治自然的哲学基础。笛卡儿反对中世纪哲学，否认教会的权威，深信人类理性的力量，创造了一种新的科学认识方法，用知识和理性代替盲目的信仰。这是有伟大意义的。

_____

① 卡洛琳·麦茜特：《自然之死——妇女、生态和科学革命》，吉林人民出版社 1999 年版，第 253 页。

第一，现代哲学肯定和发挥人的主体性，鼓励和张扬人的斗争精神。牛顿—笛卡儿的主—客二分哲学，作为人类认识的伟大成就，是一种先进的伟大思想，在主—客二分哲学的理论模式中，人与自然分离和对立。在这里，人是主体，自然作为客体是人的对象；人是主动的，对象是被动的；人有价值，作为对象的自然没有价值；主体拥有对象，人作为主体是主宰者和统治者，自然作为客体是人认识、利用和改造的对象，从而形成人统治自然的思想和行动。它高扬人的主体性和斗争精神，充分发挥人的主动性、积极性、创造性和智慧，发扬战天斗地和坚忍不拔的精神，创造了巨大的物质财富和精神财富。现在人类所创造的一切都同它相关，是在它指导下取得的伟大成就。

第二，现代哲学指导现代科学技术发展，实现现代科学技术的重大突破。依据主—客二分哲学与还原论的认识方法，形成近代自然科学思维方式，成为现代自然科学发展的哲学和方法论基础。马克思指出，近代自然科学思维方式是从 15 世纪下半叶开始形成的，它"把自然界分解为各个部分，把自然界的各种过程和事物分成一定的门类，对有机体的内部按其多种多样的解剖形态进行研究"①。它使科学研究不断深入和持久地开展下去。还原论分析方法可以简化人的认识过程，缩短认识事物的时间，使得人类对自然的认识仔细化、精细化和深化，使得科学技术分化和分工不断深入和专业化。因此，自然科学和技术获得了巨大的进展，数学、物理学、化学、生物学、天文学、地质学等各门自然科学以及各种技术科学无比迅速和蓬勃地发展，为人类认识世界和改造世界增添了巨大的力量。

第三，现代哲学奠定现代工业生产的理论基础，指导工业化和人类生活现代化。牛顿—笛卡儿的主—客二分哲学指导工业化发展，发挥人类操纵和控制自然的最大能力，取得改造和利用自然的伟大胜利。麦茜特指出："17 世纪哲学和科学关于实在的新定义相似且相容于机器的结构：①机器由部分组成；②机器给出关于世界的特殊信息；③机器以秩序和有

---

① 《马克思恩格斯全集》第二十卷，人民出版社 1971 年版，第 23～24 页。

规律性为基础，在一个有序的序列中完成操作；④机器在一个有限制的、准确定义的总体环境中运行；⑤机器给我们以对自然的力量。"还原论分析思维在工业化中的应用，创造了精细的、专业化的和严格的分工；创造了机械化、自动化和大生产的机器流水线。工业化大生产是一种迅速的、成功的和高效率的生产。它产出无比丰富的产品，源源不断地供给市场，创造了巨大财富，使人类生活现代化。

今天工业文明的所有成果，全部物质财富和精神财富都是在现代哲学的指导下取得的，它已经以它的光辉载入人类文明的史册。同时，当前人类面临的所有问题，全球性生态危机和全球性社会危机对人类持续生存的挑战，又是它的局限性以及负面作用的表现。

二、主—客二分哲学的局限性

主—客二分哲学是工业文明伟大成就的原因，又是工业文明的问题，从而走向终结的原因。工业文明时代的全面危机——人与人社会关系危机、人与自然生态关系危机，以及它对人类持续生存的严重威胁表明，主—客二分哲学有严重的局限性和负面作用，主要表现在3个方面：

1. 现代哲学认为，生命和自然界只是人的对象

在主—客二分哲学的理论模式中，人是主体，而且只有人是主体。只是作为主体的人具有主体性和主动性，只是人有认识能力、有目的性、有智慧和创造性，因而只有人有价值。生命和自然界是客体，作为对象它本身没有价值，它是被动者，没有目的性和认识能力，没有智慧和创造性，而只是人认识、利用和改造的对象。它强调人与自然的分离和对立，人与社会的分离和对立，宣扬斗争哲学，主张人类主宰和统治自然。这是当代生态危机和社会危机的思想根源。

2. 现代哲学强调还原论的分析方法和线性思维

它认为事物的动力学来自部分的性质，部分决定整体。例如工业文明的社会，在社会层次，资本（资产阶级）决定社会发展，以资本为中心；在生态层次，人决定自然，以人为中心。这种哲学注重首要与次要之分，

强调首要的并以它为中心。

3. 现代哲学强调人类中心主义的价值观

在理论上它表述为：人是宇宙（世界）的中心，因而一切以人为尺度，一切为人的利益服务，一切从人的利益出发。但在现实中，人是具体的个人，或某种利益群体。因而所谓"人类中心主义"实际上是个人中心主义，从来都没有而且也不是以"全人类利益为尺度"，而是以"个人（或少数人）利益为尺度"，即从个人（或少数人）的利益出发。个人中心主义是现代社会的世界观，是 20 世纪人类行为的哲学基础。

主—客二分哲学的局限性应当说当初也是存在的，但是那时人类的主要使命，是高扬自己的主体性、积极性、创造性和智慧，在更快地开发利用自然中壮大自己，争得自己的地位。但是，人主宰和统治自然，实际上是奴役和剥削自然。现在大自然开始反击了，它以自然规律的盲目的破坏作用为自己开辟道路，以争得自己的地位。环境污染、生态破坏和资源短缺已经成为全球性问题。生态危机向人类生存提出严峻挑战，它迫使人类承认生命和自然界的价值，承认生命和自然界的地位。

也就是说，主—客二分哲学的局限性已经全面凸现出来了，而且它不是细枝末节的，是带根本性的。在这里，哲学范式转型是从问题开始的，而问题的严峻挑战要求哲学转变。这就是新时代需要新的哲学。恩格斯指出："只有那种最充分地适应自己的时代、最充分地适应本世纪全世界的科学概念的哲学，才能称之为真正的哲学。时代变了，哲学体系自然也随着变化。既然哲学是时代的精神结晶，是文化的活生生的灵魂，那么也迟早有一天不仅从内部即内容上，而且从外部即形式上触及和影响当代现实世界。现在哲学已经成为世界性的哲学，而世界则成为哲学的世界。现在哲学正在深入当代人的内心，使他们的心里，充满着爱和憎的感情。"① 虽然这是恩格斯 100 多年前说的话，但现在仍然适用。

生态文明时代需要新的哲学，因此用生态文明时代的哲学指导生态文

---

① 于光远：《靠理性的智慧：于光远治学方法》，海天出版社 2007 年版，第 121 页。

明建设是现实的需要。

第二节　生态哲学是一种新的哲学

生态哲学以生态学的观点看待世界，又称生态学世界观。它认为，世界是"人—社会—自然"复合生态系统。这是一个生命系统，作为活的有机整体，以整体的形式存在和起作用。生态哲学以人、社会、自然的关系为基本问题，以实现人、社会、自然和谐为目标，是一种整体论的哲学世界观。

一、生态哲学，一种新的哲学范式的产生

生态哲学产生于 20 世纪中叶一场伟大的环境保护运动。它同现代哲学起源于一个批判时代的情形一样，16 世纪欧洲文艺复兴，在文学和科学领域，批判宗教愚昧、禁欲主义，肯定人权、反对神权，主张"幸福在人间"。1789 年法国大革命，发表《人权宣言》，宣告"人生来是自由的、在权利上是平等的"，形成"天赋人权，三权分立，自由、平等、博爱"等思想。经过笛卡儿、培根、洛克等人的推动，最后由德国哲学家康德做了系统的总结，他提出"人是目的"这一著名的命题，并认为，"人是自然界的最高立法者"，人类中心主义最终在理论上完成，并在工业文明发展中实践，创造了人类的现代生活。

生态哲学产生于一个新的批判时代。20 世纪中叶，环境污染、生态破坏和资源短缺的全球性生态危机日益凸显，而到了 21 世纪初，经济危机、信贷危机和全球性社会危机使世界历史面临一次根本性转折——从工业文明向生态文明的转折，这是又一个百花齐放、百家争鸣的伟大时代。首先在西方兴起新的文化——生态文化，如生态哲学、生态政治学、生态马克思主义、生态社会主义、生态伦理学、生态经济学、生态法学、生态文艺学、生态女性主义和生态神学等，它们有个一致的观点，就是批判和试图超越人与自然主—客二分哲学，超越还原论分析思维方式，主张"人与自

然和谐"的价值观，表示一种新的哲学世界观的产生。

1973 年，挪威哲学家阿伦·奈斯发表《浅层生态运动和深层、长远的生态运动：一个概要》一文，提出"深层生态学"概念。他从对现代哲学批判，对"环境问题"的深层追问，并与浅层生态运动的比较中，提出新的哲学观点。1984 年，他与深层生态学的另一位代表人物塞欣斯共同制定了深层生态学的 8 条纲领，即生态哲学的主要观点：①

（1）地球上人类和非人类生命的健康和繁荣有其自身的价值（内在价值，固有价值），就人类目的而言，这些价值与非人类世界对人类的有用性无关。

（2）生命形式的丰富性和多样性有助于这些价值的实现，并且它们自身也是有价值的。

（3）除非满足基本需要，人类无权减少生命形态的丰富性和多样性。

（4）人类生命和文化的繁荣与人口的不断减少不矛盾，而非人类生命的繁荣则要求人口减少。

（5）当代人过分干涉非人类世界，这种情况正在迅速恶化。

（6）因此我们必须改变政策，这些政策影响着经济、技术和意识形态的基本结构，其结果将会与目前大有不同。

（7）意识形态的改变主要是在评价生命平等（即生命的固有价值）方面，而不是坚持日益提高的生活标准方面。对数量上的大（big）与质量上的大（great）之间的差别应当有一种深刻的意识。

（8）赞同上述观点的人都有直接或间接的义务来实现上述必要的改变。

这是生态哲学的主要观点。深层生态学，以及西方生态马克思主义、生态社会主义、生态伦理学、生态经济学、生态法学、生态文艺学、生态女权主义、生态神学等，是环境哲学的不同学派，它们都表述了生态哲学的这种基本观点。超越"主—客二分"，主张"人与自然统一"，是

---

① 雷毅：《深层生态学思想研究》，清华大学出版社 2001 年版，第 52～57 页。

它们一致的观点。

二、中国生态哲学在建设生态文明的服务中产生

20世纪80年代，中国生态哲学研究从引进西方的学术观点起步。它有两个重要特点：一是它根源于中国哲学深厚的土壤，中国哲学是"生"的哲学，是一种生态哲学；二是中国生态文明建设已经起步，它作为生态文明的理论基础，获得了发展的巨大推动力。

蒙培元教授认为，中国哲学是"生"的哲学，它主要包括三层含义。[①]

第一层含义是："生"的哲学是生成论哲学，而不是西方式的本体论哲学。无论道家的"道生万物"，还是儒家的"天生万物"，说的都是世界本源"道"或"天"与自然界万物（包括人）之间的生成关系，而不是本体与现象的关系。

第二层含义是："生"的哲学是生命哲学而不是机械论哲学。"生"指生命和生命创造。中国哲学的"天道流行""生生不息"，是指自然界具有内在生命力，不断创造新的生命。这是有生命的自然界的意义和价值。

第三层含义是："生"的哲学是生态哲学。它从生命的意义上讲人与自然和谐。人与自然是一个生命整体，人不能离开自然界而生存，自然界也需要人去实现其价值。自然界是人的价值之源，人又是自然界价值的实现者。人与自然的关系是价值关系，而不只是认知关系；它是一元的，而不是二元的。

根源于中国哲学传统的中国生态哲学研究，有助于与新时代的哲学对接；服务于中国生态文明建设，中国生态哲学研究获得了巨大的动力。

三、中国生态哲学的理论建构

生态哲学坚持"人—社会—自然"是生命有机整体的世界观，主张以生态整体性观点看待世界；实践上，以"人与自然统一"的观点，通过人

---

① 蒙培元：《人与自然——中国哲学生态观》，人民出版社2004年版，第4~6页。

与人和解、人与自然和解，建设生态文明社会。这是一种哲学范式的转型。生态哲学的理论建构，主要是它的世界观建构、认识论建构、方法论建构和价值论建构。

1. 生态哲学的世界观建构

现代哲学认为，世界是物质的，物质第一性，精神第二性。这是哲学世界观的基本问题。生态哲学，以人与自然关系为基本问题，以实现人与自然和谐为主要目标，是一种整体论哲学世界观。它的主要观点是这样的：

世界是"人—社会—自然"复合生态系统，是一个活的有机整体。这是生态哲学本体论。世界作为活的有机整体，以整体的形式存在和起作用。在这里，整体比部分重要，事物的动力学来自整体而不是来自部分，即不是部分决定整体，而是整体决定部分；整体是事物存在、发展、进化和创造的实体；整体是事物的实现形式。因而，它主张放弃首要次要之分，拒绝以什么为中心，放弃中心论，以和谐发展作为哲学基础。事物的关系和动态性比结构更重要，有机世界虽然由部分组成，具有一定的结构和功能，但它是动态的，相互联系和相互作用的关系比结构更重要。因而它拒绝斗争哲学，以整体和谐为主要特征，追求人与自然和谐发展。

2. 生态哲学的认识论建构

现代哲学认为，认识是主体（人）对客观世界（对象）的反映，称为"反映论"。生态哲学认为，认识是主体对所关心的事物的评价，由于世界事物有无限多样性，认识主体只对他所关心和注意的事物进行评价，因而认识不是消极地反映事物，而是选择某种事物进行认识和评价。

生态认识论认为，世界有"价值能力"。1994年，美国著名哲学家罗尔斯顿在《自然的价值与价值的本质》一文中，提出生物"能进行评价"或"有价值能力的"（valueable）的概念。他认为，评价者是能够捍卫某种价值的实体。地球上生命实体有不同的层次，在它们的生活中，面对各种不同的可能性，需要做出不同的抉择，捍卫自己的价值，从而发展出

"能进行评价"的能力。①

"有价值能力的"主体，是指有能力评价事物的"人—动物和植物—生物物种—生态系统—自然界"，这是"能进行评价"的生命系列。罗尔斯顿说："如果在这个地球已面临生态危机的时代，还有一个物种把自己看得至高无上，而对自然中其他一切事物的评价，全都视其是否能为己所用，那是很主观的，在哲学上是天真的，甚至是很危险的。这样的哲学家是生活在一个未经审视的世界，从而他们及受他们引导的人过的都是一种无价值的生活，因为他们看不到自己所生活的这个有价值能力的世界。"②

3. 生态哲学的方法论建构

生态哲学以生态系统整体性的观点思考，主要是生态系统各种因素相互联系和相互作用的整体性观点，生态系统物质不断循环、转化和再生的观点，生态系统物质输入和输出平衡的观点，来说明与生命有关的现象及其发展变化，以揭示各种事物的相互关系和规律性，认识和解决与生命有关的问题。这是生态学整体性方法。它应用于生态文明建设，是对生态文明建设进行生态设计，包括生态政治的生态设计，生态经济的生态设计，生态文化的生态设计，等等。生态方法具有重要的普遍意义，遵循生态设计建设生态文明，创造人类新时代。这是人类新的伟大实践。

4. 生态哲学的价值论建构

现代哲学体系中，包含它的本体论、认识论和方法论，但没有价值论。引进"价值论"是哲学转向的重要表现，是哲学的重大成就。美国哲学家罗尔斯顿《哲学走向荒野》（1986）一书提出"自然价值论"。他认为，肯定荒野的价值，这是"荒野转向"（Wild Turn）。在这里，当然不是"荒野"本身"转向"，它不存在"转向"的问题，它从来就在那里生存、发展和变化；"转向"是指人的观念的转向，这是哲学"转向"。③

1985年，笔者提出"生态价值"概念，认为自然资源和环境质量有经

① 罗尔斯顿：《自然的价值与价值的本质》，《自然辩证法研究》，1999年第2期。
② 罗尔斯顿：《自然的价值与价值的本质》，《自然辩证法研究》，1999年第2期。
③ 罗尔斯顿：《哲学走向荒野》，吉林人民出版社2000年版，第1~2页。

济价值，它是经济学概念。1993 年 3 月，在讨论朱训教授主持的中华社会科学基金资助项目《找矿哲学的理论与实践》座谈会上，笔者建议这个项目的研究，除了找矿哲学本体论、认识论、方法论、决策论、主体论这五部分，还需增加"找矿哲学价值论"作为独立的一部分进行研究。这一建议被采纳后，笔者负责这一部分的研究工作，形成"找矿哲学价值论"，列入项目研究成果的第四章。这是价值论正式列入哲学体系。①

　　生命和自然界有价值。它不仅对人类的生存、发展和享受有价值——这是它的外在价值，而且它按生态规律合目的地生存，这是它的内在价值。肯定生命和自然界有价值，这是生态哲学成为新的哲学范式的最重要的方面，是哲学的重大进步。

第三节　生态哲学是建设生态文明的理论基础

　　现代人与自然主—客二分哲学，它的实现形式是"人类中心主义"。在人与自然的生态关系上，它以"人统治自然"的形式表现；在人与人的社会关系上，它以"统治者主宰社会"的形式表现。作为工业文明的理论基础，它是工业文明伟大成就的理论根源，又是它的问题的理论根源。工业文明的问题，在人与自然的生态关系上，是以环境污染、生态破坏和资源短缺表现的全球性生态危机；在人与人的社会关系上，是以经济危机和其他社会问题表现的全球性社会危机。全球性危机对人类持续生存的严峻挑战，导致生态哲学的产生。生态哲学的实现形式是"人与自然和谐"。它超越"人类中心主义"哲学，主要目标是实现"两个和解"：人与自然的生态和解，人与人的社会和解，建设生态文明的和谐社会。

一、"人与自然和谐"是生态哲学的基本问题

　　生态哲学认为，人类社会的两个基本问题或两个基本矛盾：一是人与

_____

① 朱训：《找矿哲学的理论与实践》，地质出版社 1995 年版，第 94~117 页。

人社会关系矛盾，二是人与自然生态关系矛盾。这是推动社会发展和进步
的动力。现代世界，工业文明的所有成就和全部问题都是这两个矛盾推动
的。现在这两个矛盾从对立和对抗发展到严重的冲突和危机，对人类的持
续生存提出了严峻挑战。它意味着世界的一次根本性变革的到来，因为只
有通过一次根本性变革，方能解决这两个社会基本矛盾。这就是从工业文
明社会到生态文明社会的变革，实现人与人的社会和解，实现人与自然的
生态和解。这是人类社会的目标。"人与自然和谐"是生态文明的理论
基础。

"人与自然和谐"，是马克思主义历史观，又是马克思主义哲学世
界观。

马克思主义历来反对"自然和历史的对立"，主张"人和自然的统一
性"。马克思和恩格斯指出："对实践的唯物主义者，即共产主义者来说，
全部问题都在于使现存世界革命化……特别是人与自然界的和谐。"① 这种
"世界革命化"的历史使命是推动世界的两大变革。他们说："我们这个世
界面临的两大变革，即人同自然的和解以及人同本身的和解。"②

马克思主义认为，人与自然是不可分割的，两者相互联系、相互作用
和相互依赖，是有生命的有机统一整体。一方面，自然界对社会历史有重
大作用。但是，不能从脱离人的自然界出发，现实的自然界是人类学的自
然界，脱离人的自然界是不可理解的。另一方面，人和社会是创造历史的
主体。但是，人在自然的基础上创造世界。不能从脱离自然的人出发，不
存在脱离自然的人，脱离自然的人和社会只能是一种抽象的而不是现实的
人和社会，它是不可理解的。

现实的世界是人与自然相互作用的世界。它不是人的世界与自然界的
简单的相加，而是它们相互作用构成的整体。作为整体，它具有这两个组
成部分所没有的、从它们的相互关系中产生的特性。

---

① 马克思、恩格斯：《德意志意识形态》，人民出版社1961年版，第38页。
② 《马克思恩格斯全集》第一卷，人民出版社1963年版，第603页。

人与自然的关系，是在具体的社会发展中，以一定的社会形式并借助这种社会形式进行和实现的。这是一种社会历史的联系。同时，这种关系又是在具体的自然环境中，通过人类劳动这种中介，以改变、开发和利用自然的形式进行和实现的。这又是一种自然历史的联系。

因此，我们的历史观，要从人与自然相互作用去认识世界和解释世界，也就是说，从实践去理解世界。马克思和恩格斯通过对人与自然相互关系的历史考察，得出了"人与自然和谐"的历史结论。这是生态哲学的基本观点。

二、生态哲学促进生态文明社会核心价值观的形成

人类社会由社会核心价值观指引。人类历史上曾经有两个文明社会：农业文明社会和工业文明社会，它们都是由社会核心价值观推动。现在，人类向生态文明社会发展，生态哲学促进生态文明社会核心价值观的形成。这是生态哲学意义的重要表现。

1. 农业文明社会的核心价值观

我们以中华文明为例，中华农业文明取得了世界农业文明的最高成就。

"三纲五常"，是中华农业文明社会的核心价值观。"三纲"，是君为臣纲、父为子纲、夫为妻纲；"五常"，是仁、义、礼、智、信。它起源于《易经》，所谓"有君臣，然后有上下。有上下，然后礼义有所错"（《易经·序卦传》）。春秋战国时期，有诸子百家之百家争鸣，哲学、文学和科学异彩纷呈，文化大发展大繁荣，促成农业文明社会核心价值观的形成。例如，孔子强调"君君、臣臣、父父、子子"的观念；韩非子指出："臣事君，子事父，妻事夫"是"天下之道"，这是"三纲"最早的提法。到汉代，董仲舒明确提出"君为臣纲，父为子纲，夫为妻纲"。"五常"是董仲舒依据孟子"仁义礼智"四端，加上"信"而提出的。宋代朱熹首次连用"三纲五常"四字。"三纲五常"作为农业文明社会的核心价值观，长期指引中国社会发展，一直到民国。中国社会，皇帝称为"天子"，君权神授，统治者的合法性是世袭的。"三纲五常"作为社会的伦理观念和行为规范，被历朝历代的统治者和臣民接受和遵从。依据"三纲五常"的社

会核心价值观，中国社会形成高稳态、连续的社会秩序和社会实践，中华文化延绵5000多年。这在人类文明史上是没有的。这是农业文明社会核心价值观指导的结果。

2. 工业文明社会的核心价值观

以英国工业革命开始的工业文明社会，是人类第二个文明社会。它在西方发达国家达到最高成就。这是工业文明社会核心价值观指导的结果。

工业文明社会的核心价值观是人类中心主义或人类中心论。这是一种以人为中心的观点。它的实质是，一切以人为中心或一切以人为尺度，为人的利益服务，一切从人的利益出发。但是，在整个工业文明时代，人类中心主义作为起主导作用的价值观指导人的行动时，从来都没有而且也不是以"全人类"为尺度，或从"全人类的整体利益"出发；更没有考虑自己的活动对自然环境的影响。实际上，它只是以"个人（或少数人）"为尺度，是从"个人（或少数人）"的利益出发的。也就是说，个人和家庭的活动从个人和家庭的利益出发；企业的活动从企业的利益出发；阶级的活动从阶级的利益出发；民族和国家的活动从民族和国家的利益出发。它不顾及他人，不顾及子孙后代，更不顾及生命和自然界。因而，它的实质并不真是"人类中心"的，而是"个人中心"的。个人主义是整个现代文明的世界观，是工业文明的全部人类行为的哲学基础。

人类中心主义是一种伟大的思想。它的产生是人类认识的伟大成就。它的实践建构了整个现代文明。这种价值观的形成也经历了两个世纪，起始于世界文化的大发展大繁荣。14—16世纪欧洲文艺复兴，首先在文学领域，诗人但丁发表《神曲》，尽情揭露中世纪宗教统治的腐败；彼特拉克发表《歌集》，提出以"人的思想"代替"神的思想"，提倡科学文化，反对蒙昧主义，被称为"人文主义之父"；薄伽丘发表代表作《十日谈》，批判宗教愚昧、禁欲主义，肯定人权，反对神权，主张"幸福在人间"。

其次，科学革命的代表人物和主要著作有哥白尼《天体运行论》（1543）、牛顿《自然哲学的数学原理》（1687），特别是达尔文《物种起源》（1859）阐述了地球上的一切生命——植物、动物和人类，都是由原始单细胞生物发展而来的，以生物生存斗争和自然选择的思想，创立生物进化论，批判并代替神创论。

1789年的法国大革命发表了《人权宣言》，宣告"人生来就是而且始终是自由的，在权利方面一律平等"，形成天赋人权，三权分立，自由、平等、博爱等思想。

最后由哲学家归纳总结。法国哲学家笛卡儿，创建了主—客二分哲学和数学归纳法，在人与自然的分离和对立中，人成为主宰者，自然界是被主宰的对象，他主张"借助实践哲学使自己成为自然的主人和统治者"。

英国哲学家培根和洛克是把人类中心主义从理论推向实践的伟大思想家，是现代实验科学实验归纳法的创始人。培根提出"知识就是力量"，认为真正的哲学应具有"实践性"。他主张，人类为了统治自然需要认识自然、了解自然，科学的真正目标是了解自然的奥秘，从而找到一种征服自然的途径，他说："说到人类要对万物建立自己的帝国，那就全靠技术和科学了。因为若不服从自然，我们就不能支配自然。"

英国哲学家洛克，主张事物的质分为第一性和第二性，坚持人的经验性原则。他认为，人类要有效地从自然的束缚下解放出来，"对自然的否定就是通往幸福之路"。

德国哲学家康德提出"人是目的"这一著名的命题。他认为，人是目的，而且只有人是目的，人的目的是绝对的价值。而且，据此人要为自然界立法，"人是自然界的最高立法者"。因而学术界认为，康德是使人类中心主义最终在理论上完成的思想家。

现在，发达国家推行价值观外交，是关于民主、自由、人权的价值观，这是在政治层面说的；在哲学层面，民主、自由、人权等包含在个人主义的定义中。社会核心价值观应从哲学层面定义，因而工业文明时代的社会核心价值观是人类中心主义。

3. 生态文明社会核心价值观指引人类新时代

生态文明社会是人类第三个文明社会。它在中国率先启动，将走向人类文明新时代。生态文明社会的核心价值观，从哲学层面定义，我们认为是"人与自然和谐"。20世纪中叶，以环境污染、生态破坏和资源短缺表现的全球性生态危机，导致世界历史的大变革。这个社会大变革的伟大时代，是由又一个百花齐放、百家争鸣开启的，是由又一个新文化——生态文化指引的。科学家研究环境问题，寻找破解生态危机的对策，创造了人类新文化，如生态哲学、生态政治学、生态马克思主义、生态社会主义、生态伦理学、生态经济学、生态法学、生态文艺学、生态女性主义和生态神学等一系列新的科学。它批判和试图超越人与自然主—客二分哲学，超越还原论分析思维方式，主张"人与自然和谐"的价值观。这是形成生态文明社会核心价值观的重要步骤。

这个文化大发展大繁荣的伟大时期，这个新文化——生态文化将取代工业文明的文化。这是没有疑问的。虽然兴起中的生态文化没有进入现代文化和现代学术的主流，虽然它没有得到现代社会的普遍认可；但是，有一点是肯定的，就是它批判和试图超越人与自然主—客二分哲学，超越还原论分析思维方式，走出人类中心主义，确立"人与自然和谐"的社会核心价值观，走向生态文明的新社会。

人类社会的历史告诉我们，文明社会的社会核心价值观是发展的。不同的文明有不同的社会核心价值观。但是，它又有继承性、普世性的方面。例如，农业文明的仁、义、礼、智、信和工业文明的民主、自由、人权等，都会批判性地被包容在新的价值观中。生态哲学促进生态文明社会核心价值观的形成，将在建设生态文明的新文化和新社会的伟大实践中起作用，推动社会发展和进步。这是一个非常长期的过程。

三、生态哲学为建设生态文明服务

20世纪中叶，工业文明达到最高成就，工业经济增长率、人口增长率和发达国家高消费水平达到最高值。伴随这些成就而来的问题——环境污染和生态破坏第一次成为全球性问题，第一次出现资源全面短缺的现象，人口老龄化开始出现，接着经济危机和社会危机全面凸显。在全球性危机威胁人类持续生存的形势下，西方发达国家爆发了一场轰轰烈烈的环境保护运动。它表示世界历史一次根本性变革的到来，从工业文明向生态文明转变的时代的到来。中国人民在世界上率先走上了建设生态文明的道路。

1. 发达国家由于工业文明的道路惯性失去率先变革的机会

我们在生态文化的研究中曾经以为，人类新的文明即生态文明，会在发达国家首先兴起，因为：①工业文明率先在发达国家兴起、发展和达到最高成就和最完善的程度。②发达国家首先爆发生态危机，它是新文明出现的强大动力。③发达国家首先爆发了轰轰烈烈的环境保护运动，它是生态文明时代到来的标志，正如美国学者所说："20世纪60和70年代的社会运动代表着上升的文化——生态文化。"④生态文明的重要观念，如生态哲学、生态经济学、生态伦理学、生态法学、生态文艺学等生态文明观念，是由发达国家的学者针对生态危机问题首先提出的。⑤"只有一个地球"呼吁，《人类环境宣言》《生物多样性公约》等环境保护的文件，国际性公约和协定，是由西方发达国家主导制定的。

但是现实表明，发达国家的领导人没有提出建设生态文明的发展战略，生态文明没有在发达国家率先兴起。也许，这是由工业文明模式的历史和文化惯性决定的。大概有这样一些原因：

（1）工业化国家运用强大的科学技术和雄厚的经济力量，建设庞大的环保产业，进行废弃物的净化处理，环境质量有所改善；同时在产业升级过程中，把污染环境的肮脏工业和有毒有害的垃圾，转移到第三世界发展中国家，它们的环境问题（生态危机）有所缓解，环境质量有所改善，从而失去生态文明建设的迫切性和强大动力。

（2）它们的发育和完善的工业文化有巨大的惯性，包括价值观和思维方式惯性、生产方式和生活方式惯性。这种由历史和文化形成的惯性，可以概括为"道路惯性"。它形成强大的历史定势。惯性作为一种巨大的力量，是很难被突破和改变的。现在，环境问题和资源问题虽然已作为生态文明的事业启动，也做出了极大的努力，但仍然不见好转的趋势，就是这种惯性作用的结果。

这里的问题实质在于：工业文明已经"过时"了。西方发达国家沿用线性思维，运用传统工业模式发展经济和对待环境问题。这样，它们就失去了向新经济新社会转变的机会。

2. 中国率先在世界上走上建设生态文明的道路

改革开放以来，我国经济高速发展迅速实现工业化，成为世界最大的工业化国家。一个大国保持30年经济高速增长，甚至连年以两位数的速度增长，这是世界奇迹。但是，它也表示能源和资源的高消耗，环境高污染，生态高破坏。中国面临的生态危机与世界先进的工业化国家问题最严重的时候比，要严重得多，不知严重多少倍。从某种程度上，如果说中国30年工业化发展取得的经济成就是西方工业化发展300年成就的总和，那么中国30年工业化发展带来的问题也是西方工业化发展300年问题的总和。

我们面临的形势是，当发达国家依靠环保产业、产业升级和污染转移，一个又一个地解决环境污染问题，环境质量有所改善，从而丧失了从工业文明向生态文明转变的强大动力时，我国环境污染和生态破坏的种种问题、能源和其他资源短缺的种种问题，同时并全面凸现出来，成为经济进一步发展的严重制约因素，而社会和民生的种种问题又与之错综复杂地交织在一起。这些问题交织在一块，成为一个非常复杂的问题，形成一种巨大的压力，向社会发展提出一种非常严峻的挑战。

而且，中国现状的复杂程度，是世界上任何一个国家都无法比拟的。从东部沿海到西部内陆，从繁华的都市到贫困的乡村，从政治到经济，从社会到文化，从民生到环境，19世纪以来西方发达国家所出现的几乎所有现象，在今日的中国都能看到。由于中国发展现状和复杂性极其特殊，世界上没有任何一个国家的成功经验可以帮助中国解决当前的所有问题。因为中国目前所要应对的挑战，是西方发达国家在过去300年里所遇困难的总和。中国在一代人时间里所要肩负的历史重担，相当于美国几十届政府共同铸就的伟业。

这种复杂性和历史使命的特殊性是一种巨大压力，一种严峻的挑战。如何应对这种压力和挑战，怎样化解我们面临的问题？中国试图用工业文明的方法解决问题，付出巨大代价但问题却在继续恶化。我们逐步认识到，走老路，按西方工业文明模式发展，已经没有出路，需要依靠自己的经验走自己的路，不要跟着西方工业文明模式走。压力和挑战成为伟大的动力，理性地回应挑战，负责任地履行我们的使命。我们的使命是建设生态文明。

3. 建设生态文明是中国人民的伟大创举

我们以安吉人民创造了建设生态文明的"安吉模式"为例。

安吉是一个山区农业县，曾经是一个贫困县。20世纪80年代，为了改变贫困面貌走上富裕的道路，安吉采取"工业强县"的举措，遵循现代"工业模式"，引进传统工业如印染、化工、造纸、建材等，大干几年后虽然GDP上去了，摘掉了"贫困县"的帽子，但是美丽富饶的生态环境遭到严重破坏，1989年被国务院列为太湖水污染治理的重点区域，受到"黄牌"警告。在太湖治理"零点行动"中，安吉不得不投入巨资，对74家污染企业进行强制治理，关闭33家污染严重的企业，为"工业强县"付出了沉重的代价。

痛定思痛。2001年1月，安吉县政府调整安吉的发展方向，做出"生态立县——生态经济强县"的重大决策，开启生态文明建设进程。这样，安吉人民就站在了时代的高度，创造了建设生态文明的"安吉模式"。

"安吉模式"，按安吉人民的总结，包括安吉县域生态经济建设模式、县域生态社会建设模式、县域生态环境建设模式、县域生态政治建设模式、县域生态制度建设模式和县域生态文化建设模式。它实施的主要途径是：以生态文化观念为指导，以生态工程大项目启动生态环境大建设，以生态环境大建设带动生态经济大发展，以生态经济大发展推动生态文明大跨越。

安吉人民创造建设生态文明的"安吉模式"，建设生态文明社会，走上富裕的道路，真正改变了贫困面貌。2011年，人均收入5万元，为1980年的111倍；同时，安吉变得更加美丽，71%的森林覆盖率，成为气净、水净、土净的"三净之地"，是气净洗肺、水净洗肾、土净洗胃的"三洗之地"，是中国最佳生态旅游县，创造了"环境宜居一流，乡村美丽一流，百姓富裕一流，文化生态一流"的中国生态文明建设的模式。

安吉是一个案例。现在，生态县、生态省的建设是普遍的，建设生态文明已经成为中国人民的伟大实践。浙江是生态文明建设的先行地区。2002年12月，习近平同志主持省委全体会议提出，要"积极实施可持续发展战略，以建设'绿色浙江'为目标，以建设生态省为主要载体，努力保持人口、资源、环境与经济社会的协调发展"。2006年6月，浙江安吉成为全国第一个生态县。据不完全统计，现在有15个省如浙江、山东、贵州、海南、河北等建设生态省，1000多个县市如宜春、贵阳、杭州、无锡、佛山等建设生态县。据报道，2006年，全国有300个市、县、区、镇被国家环保总局命名为"生态示范区"。截至2011年2月，全国287个地级以上的城市中，提出"生态城市"建设目标的有230个。这是令人欢欣鼓舞的进展。

4. 建设生态文明成为政府的行为

2012年，党的十八大制定国家发展纲领，对中华民族的伟大复兴进行顶层设计。十八大报告专辟一章"大力推进生态文明建设"，并把生态文明建设列为国家发展战略。习近平说："建设生态文明，是关系人民福祉、关乎民族未来的长远大计。面对资源约束趋紧、环境污染严重、生态系统退化的严峻形势，必须树立尊重自然、顺应自然、保护自然的生态文明理念，把生态文明建设放在突出地位，融入经济建设、政治建设、文化建设、社会建设各方面和全过程，努力建设美丽中国，实现中华民族永续发展。"生态文明建设深刻融入和全面贯穿经济建设、政治建设、文化建设和社会建设的"五位一体"总体布局，作为建设中国特色社会主义的新的总体布局实施，这是新的"中国道路"，是中华民族伟大复兴之路。它具有重要的现实意义和深远的历史意义。

为了实施这一战略，2015年3月24日中共中央政治局召开会议，审议通过《中共中央国务院关于加快推进生态文明建设的意见》，提出生态文明建设，要强化主体功能定位，优化国土空间开发格局；推动技术创新和结构调整，提高发展质量和效益；全面促进资源节约循环高效使用，推动利用方式根本转变；加大自然生态系统和环境保护力度，切实改善生态环境质量；健全生态文明制度体系；加强生态文明建设统计监测和执法监督；加快形成推进生态文明建设的良好社会风尚；切实加强组织领导。在国家生态文明建设方面，到2020年，资源节约型和环境友好型社会建设取得重大进展，主体功能区布局基本形成，经济发展质量和效益显著提高，生态文明主流价值观在全社会得到推行，生态文明建设水平与全面建成小康社会目标相适应。

2015年9月11日，中共中央政治局召开会议，审议通过了《生态文明体制改革总体方案》，这是生态文明领域改革的顶层设计。会议强调，推进生态文明体制改革，首先要树立和落实正确的理念，统一思想，引领行动，要树立尊重自然、顺应自然、保护自然的理念，发展和保护相统一的理念，绿水青山就是金山银山的理念，自然价值和自然资本的理念，空间均衡的理念，山水林田湖是一个生命共同体的理念。推进生态文明体制改革要坚持正确改革方向，坚持自然资源资产的公有性质，坚持城乡环境治理体系统一，坚持激励和约束并举，坚持主动作为和国际合作相结合，坚持鼓励试点先行和整体协调推进相结合。

建设生态文明已成为全党和国家的事业，十八大党章总纲规定："中国共产党领导人民建设社会主义生态文明。树立尊重自然、顺应自然、保护自然的生态文明理念，坚持节约资源和保护环境的基本国策，坚持节约优先、保护优先、自然恢复为主的方针，坚持生产发展、生活富裕、生态良好的文明发展道路。着力建设资源节约型、环境友好型社会，形成节约资源和保护环境的空间格局、产业结构、生产方式、生活方式，为人民创造良好生产生活环境，实现中华民族永续发展。"

一个大国的执政党把建设生态文明作为国家发展战略写进党纲，由党和政府最高领导人在神圣的场合发布，并作为最高执政理念和历史使命成为党和政府的实际行动，领导许多地方的生态省、生态县和生态市建设，这是前所未有的。世界上没有任何另一个国家这样做。只有正在崛起的大国——中国，将建设生态文明落实为建设中国特色社会主义的伟大实践。建设生态文明是建设中国特色社会主义的道路，建设"美丽中国"的道路，是中华民族伟大复兴之路。

四、生态文明，中国道路新纪元

中华古代文明是农业文明。中华文明历经5000多年不曾中断，连续发展，达到世界农业文明的最高成就和最完善程度，站到了历史的高度和世界的高度。这是中国道路的光荣。中国道路已经历古代和近代两个阶段，现在正在走向新的纪元。

1. 古代，中华文明光照世界

中华文明历史悠久，光辉灿烂，曾遥遥领先于世界，对世界进程起过非常重要的引领作用，对人类文明做出了伟大的贡献。中国古代农学、医学、天文、历法、地学、数学、运筹学、工艺学、水利学和灾害学等领域均有光辉的创造。中国经济总量最高的时候占当时世界的80%。例如从数据来看，元朝占世界GDP的30%~35%，宋朝占世界GDP的65%，明朝万历年间占世界GDP的80%，后来虽有所减少，但至清朝仍然占世界GDP的10%~35%。中国经济曾遥遥领先于世界，成为名副其实的世界中心。中华文明曾长期站在世界最高峰和历史最高峰，光照全人类。这是中国道路的光荣。

2. 近代，中国百年屈辱

近代以来，中国落伍了。这有内外两种原因，是内部因素、外部因素及两者相互作用的结果。

内因是决定性因素，这就是中国农业文明的"道路惯性"。当世界工业化发展的时候，中国成熟和完善的农业文明模式依然有着强大的惯性：①遵循"三纲五常"的社会核心价值观，中国完善和高稳态的封建社会政治制度结构的政治惯性；②中国古代哲学的理论、思想和价值观惯性，中国人的思维方式惯性；③中国农业文明和生产方式与生活方式惯性，等等。中国人民遵循农业经济—社会—思想的强大历史定势，形成高稳态的社会经济结构，中华文明成为唯一持续生存 5000 多年的人类古代文明。但是，这种"道路惯性"是一种巨大力量，它使中国长期沿着农业文明的道路发展，失去率先向工业文明发展的机会。

世界先进的工业化国家，不仅全面侵略、压迫中国，使之成为半殖民地半封建国家，而且使中国被迫通商，不准实现工业化，永远做它们的原料供应地和产品倾销地。

1949 年新中国成立后，中国工业化艰难起步，并通过 156 项重大工程建设打下了初步的工业化基础。改革开放 30 多年来，中国经济高速发展。实际上，中国的生产方式和生活方式是按照世界工业文明模式发展的。这是完成中国工业化的补课，是世界工业文明发展成就和问题的集中体现。

3. 当今，以生态文明之光引领世界的未来

人类生态文明新时代，中国人民从全球大视角，认识世界新形势，紧跟时代大潮流，把握世界历史性变革的伟大战略机遇，以生态文明建设作为新的历史起点，加快生态社会主义建设进程，创造新的社会发展模式。中华民族拥有伟大智慧和强大生机，有能力利用时代变革的战略机遇，率先点燃生态文明之光，照亮人类未来之路。

工业文明最先进的国家——美国，担心中国会挑战现有的世界规则或改变所谓的以规则为基础的全球秩序。美国前总统奥巴马说："要由美国人制定规则，不能由中国人制定规则。"但是，这不能由美国说了算。中国已经是世界第二大经济体，世界经济已经不能"排除"中国。虽然美国是世界工业化最先进的国家，并制定了工业文明时代的"世界规则"，但是这并不意味着这些"世界规则"是永恒不变的。

人类新时代会有新的世界规则。中国在世界上率先走上建设生态文明的道路，中国人民高举生态文明的伟大旗帜，用生态文明点燃人类新文明之光，以生态文明引领世界的未来。生态文明的世界规则很可能将是由中国制定，而不是由美国制定。这是中华民族的光荣。这将是中华民族对人类的新的伟大贡献！

第二章 生态思维：生态文明的思维方式

20 世纪中叶，"八大公害事件"震惊世界，环境污染对社会、经济发展和人体健康发出严峻挑战。它导致一场伟大的世界环境保护运动。环境问题和环境保护概念的提出，是人类意识的一次伟大的觉醒。人们从生态学的观点思考"环境问题"，采取环境保护行动，导致一种新思维的产生，从现代哲学还原论分析思维走向生态整体性思维。

第一节 分析性思维：工业文明的思维方式

人们历来认为，地球无限广大，自然资源取之不尽用之不竭。随着社会物质生产的发展，人们不断地向自然索取，不断地向环境排放废弃物。这被认为是天经地义的，而且并没有提出什么问题。20 世纪，以环境污染、生态破坏和资源短缺表现的全球性生态危机，使人们警醒，认识到问题并不是这样的。关于生态危机的反思，使人们认识到，它不仅有哲学世界观的根源，这是依据现代主—客二分哲学，实行"人统治自然"的结果，而且有思维方式的根源，这是遵循还原论分析思维的结果。

一、还原论分析思维的主要特征

工业文明的思维是还原论分析思维。关于世界存在，它主张人与自然主—客二分；它的认识方法是分析主义的，遵循一种非循环的线性思维；

它以物理学为科学基础。笛卡儿说："以最简单最一般的（规定）开始，让我们发现的每一条真理作为帮助我们寻找其他真理的规则。"霍布斯说："因为对每一件事，最好的理解是从结构上理解。因为就像钟表或一些小机件一样，轮子的质料、形状和运动除了把它拆开，查看它的各部分，便不能得到很好的了解。"英国哲学家培根和洛克总结和概括了自然科学的这种思考方式，创造了还原论分析思维，成为工业文明的思维方式，又称形而上学的思维方式。分析性思维成为人们的主要思维习惯。它在思考问题时强调对部分的认识，"用孤立、静止、片面的观点看问题"，认为认识了部分，找出哪一部分是主要矛盾，一切问题也就迎刃而解了。

马克思指出，分析性思维方式"把自然界的事物和过程孤立起来，撇开广泛的总的联系去进行考察，因此就不是把它们看作运动的东西，而是看作静止的东西；不是看作本质上变化着的东西，而是看作永恒不变的东西；不是看作活的东西，而是看作死的东西"。① 它实质上是一种机械论的观点和还原论的线性思考方法。这种思维方式的运用，在社会领域，制造了一个分裂、对立和纷争的世界；在科学技术领域，制造了一个学科分科和专业化不断深入的世界；在社会物质生产领域，制造了一个分工不断精细化的线性的世界。无论是"资本"主导市场，还是"权力"主导市场的情况下，工业文明社会的两个主要因素的作用：一是资本增殖和扩张不受限制，二是权力扩张不受制衡。它们在自然资源没有价值的观点主导下，对资源的掠夺、滥用和浪费没有止境，从而出现"资源问题"。这具有必然性。它所遵循的思维方式主要特点是线性非循环的思考。

工业文明的社会物质生产，以生产分工为主要特征。它以高度专业化和分化为主要特征的物质生产，创造了巨大的生产力和巨大的社会财富，丰富了人民的生活。但是，工业文明生产方式以还原论分析思维思考，遵循线性非循环思维，有明显的弱点，导致自然资源的掠夺、浪费和滥用，出现资源全面短缺，以及废弃物大量堆积的现象。

_____

① 《马克思恩格斯全集》第二十卷，人民出版社1971年版，第24页。

二、遵循还原论分析思维的生产设计

工业文明的社会物质生产，以分析性线性思维进行生产设计，在生产中的主要表现有如下 3 个方面：

1. 采用线性非循环的生产工艺

工业社会的物质生产，遵循现代哲学还原论分析思维，采取线性非循环的生产工艺，发展线性非循环经济。它之所以可能并变为现实，是因为社会公认自然资源是没有价值的，它的使用无须付费，可以无限制地开采和免费使用。

工业生产为了取得最高额利润，实现财富最大化，需要采用最简便，因而最"经济"的生产工艺。它不仅最"省"，而且有最高的效率。但是，必须有一个前提：自然资源没有价值，它进入生产过程可以不计算成本，无须付费，才能做到"省"；如果使用自然资源需要计算成本和付费，那么这是一笔极大的支出，就不能做到"省"了。

依据这种价值观和思维方式，现代工业生产的组织原则和技术原则是线性和非循环的。它的工艺模式是：原料—产品—废料。这是一种线性的非循环的生产。虽然它最"省"，又有最高的效率，但是它以排放大量废料为特征。这种生产大量消耗自然资源、大量排放废弃物，是一种原料高投入、产品低产出、环境高污染的生产。在生产规模不很大的情况下，它可以维持。但是，当工业生产达到全球规模时，它已经是难以为继了。而且，环境污染治理和资源再生产已经是高投入了，它也不再是"省"的，而是非常不经济的了。

科学家报告说："社会生产从自然界取得的物质中，被利用的仅占 3% ~ 4%，而其余 96% 则以有毒物质和废物的形式被重新抛回自然界。工业发达国家每人每年要消耗大约 30 吨物资，其中仅有 1% ~ 1.5% 变为消费品，而剩下的则成为对整个自然界极其有害的废物。所有这一切造成了人与自然之间紧张的，而在多数情况下甚至是危险的情景；这种情景对于未来的人类文明无疑是一个巨大的威胁。"①

也就是说，工业文明的生产遵循线性思维方式运行，投入物质生产过程的资源，只有不到 10% 转化为产品，90% 以上以废弃物的形式排放到环境中。这是在耗尽资源、不讲效益和环境破坏的基础上进行产品生产。它的生产工艺不是"省"的，而是高度浪费型的。它的物质生产是污染环境、破坏生态和损害资源的。在生产规模不大的时候它可以持续运行，但是当发展到全球工业化时，环境和资源无力支持，则成为不可持续的。地球没有能力支持这种生产方式和技术形式的无限发展。

2. 追求单一生产过程和单一产品最优化

工业文明时代的工业生产只有一个目标或最终目标，这就是资本增殖，实现利润最大化。第一，它排除社会目标，可以全然不顾社会、不顾他人、不顾后代，为了利润最大化，甚至可以以损害社会和后代的利益为代价；第二，它排除环境和资源保护的目标，完全没有对环境和资源保护的考虑，没有保护环境和资源的投入，为了利润最大化，甚至可以以损害环境和资源为代价，以公共环境和大多数人的生活质量恶化为代价。

这样，它的生产工艺，遵循还原论分析思维，追求单一生产过程和单一产品最优化。这是有很高的效率的。但是大家知道，大多数原料具有多种性质和多种成分，因而是有多种功用的。在工业生产线上，为了单一生产过程和单一产品最优化，只能利用原料中"有用"的极小的部分，而把绝大部分"多余的"作为废弃物排放到环境中。这种生产对于企业个体来说是最"省"的，但它把损害转嫁给自然环境，转嫁给社会和后代，是不公正的。

矿产资源开发也是这样的。大多数矿产都是多种化学元素共生的，但是在工业文明的生产方式中，它的开发和利用只要一种元素，为了追求单一生产过程和单一产品最优化，只好把它的绝大部分作为废弃物排放到环境中。

---

① 弗罗洛夫：《人的前景》，中国社会科学出版社 1989 年版，第 149 页。

例如我国攀枝花铁矿，探明铁矿石储量 8.98 亿吨，并含有大量的伴生矿物。开始的时候，攀枝花钢铁集团有限公司（简称"攀钢"）只用铁一种元素，把其他伴生矿物作为废渣排放。世界大多数矿业和钢铁厂，为了单一生产过程和单一产品最优化，也都是这样做的。据说，当年日本人曾出大价钱要买攀钢的矿渣，说是买回去用来铺路。其实不是用以铺路，铺路材料日本有的是，不用从中国进口，而是用来提炼其中的钛。钛是重要的军事和战略材料。全球将近一半的钛储量在中国。日本买我们的矿渣提炼钛，再转卖给美国，支持美国对钛资源的战略需求。钛的价格高于普通钢材几千倍。我们当时没有掌握它的复杂的提炼技术。当然，我们就是用它为自己铺路也不卖。现在，攀钢的综合利用，包括矿产元素综合利用、固体废物综合利用、余热综合利用，产生了极大的经济效益和生态效益。

3. 分工精细化和生产与产品专门化

现代社会的工业生产，以分工精细化为特征，它提高了生产力和生产率。但依据还原论分析思维，分工精细化和生产与产品专门化已经走到了极致，一个巨型企业，一条大型生产流水线，专门生产一种产品，甚至是专门生产一种产品的一个零件。也许它有利于提高生产率，有利于实现利润最大化。但是，工人在流水线上成天只重复一个动作，他们不知道自己在生产什么，也不知道同一流水线上的其他人在做什么，只是重复着一个动作，不必关心他人和整个生产过程与生产的产品。此时的工人已经如同流水线上机器的一部分，永远不需要创造才能和创新，劳动不再有乐趣可言，这样就导致工人的"劳动异化"。

也就是说，工业文明的物质生产，采用线性非循环工艺，分工精细化和生产与产品专门化，追求单一生产过程和单一产品最优化，生产过程把大部分资源以废弃物的形式排放，不仅导致环境污染和资源浪费，而且导致"劳动异化"。它的两个主要特点：一是把自然界当作可以随意索取资源的仓库，在发展经济的过程中，向大自然索取的数量越来越大、种类越来越多的资源，实现经济按指数增长；二是把自然界当作可以任意排污的垃圾桶，向它排放数量越来越大、性质越来越复杂、对人和地球生态系统有

毒有害的废弃物。这是一种粗放型、浪费型和低效率的生产方式,具有
"反自然"的性质,表现了对大自然的掠夺性和破坏性。它损害自然,污
染环境,破坏资源,损害工人健康。它是不可持续的,需要转变是显
然的。

三、社会物质生产线性工艺的生态分析

工业文明的社会,依据主—客二分哲学和线性思维,发挥人的主体
性、积极性和创造性,虽然取得了伟大成就,但也带来了许多问题。

在社会领域,它制造了一个分裂、对立和纷争的世界。在这里以人为
中心,实际上是以富人为中心,实行资本专制主义。资本主义是工业文明
的社会形态。工业文明的本质是资本专制主义。资本的唯一目标是利润最
大化,资本增殖是资本主义发展的主要动力。为了实现资本利润最大化的
目标,它需要维护资本主义的政治制度和经济制度。这是资本的经济和政
治的两个根本属性。马克思曾指出,资本来到世间,它的每一个毛孔都充
满血腥。为了资本利润增殖,它不断加剧对工人剩余劳动的剥削,不断加
剧对自然的剥削,两种剥削同时进行彼此加强,导致人与人社会关系的矛
盾、对立和冲突不断加强,人与自然生态关系的矛盾、对立和冲突不断加
强,以致社会—经济危机和生态危机同时爆发,出现了人类社会的全面
危机。

因为在资本专制主义的社会中,少数富人掌握资本,资本利润最大
化,资本迅速增长,并急剧向少数富人集中,贫富不均差距不断扩大。但
是,资本不会自动增殖,为什么极少数人的资本越来越多? 这是资本剥削
劳动者,资本剥削自然界的结果。它导致社会和生态的矛盾、对立和冲突
不断加剧,导致社会和生态危机不断加剧。

在生态领域,当实施以人为中心的政策时,实际上是以"资本"为中
心的政策,实行资本专制主义,为了资本增殖,就需要不断加剧对自然的
掠夺和剥削。在社会物质生产中,为了快速资本增殖,按照分析性思维,
实行简便的线性生产工艺是必然的,实行这种线性的非循环的、以排放大

量废料为特征的生产是必然的。这一生产工艺运行的结果：投入物质生产过程的自然资源，大多数以废弃物的形式排放到环境中。这是环境污染、生态破坏和资源短缺的直接根源。这种生产不可持续也是必然的。

历史进程表明，18 世纪工业革命以来，实行线性生产工艺，对不可再生的矿产资源和可再生的生物资源开采迅速发展，现在资源开采的广度和深度都已经达到极限，人类已处于不可持续发展的形势。矿产资源方面，科学家报告了各种金属、石油和天然气的预估可采储量使用期限，铟和白金 10～15 年，铜 53 年，铅 21 年，锌 23 年，锡 41 年，镍 79 年，钴 67 年，钨 42 年，石油 55 年，主要矿产将于 21 世纪内开采完毕，此后基本上将无矿产可采，工业生产将会变成"无源之水"。

但是，如果我们换另一种思维方式——生态思维来思考，那么这种形势是可以改变的。科学家报告说："城市是可回收金属的仓库。"依据物质不灭定律，人们开采出来和已被利用的矿产并没有消失，而是以产品的形式或主要以废弃物的形式堆积在地球表面。也就是说，世界上已探明的主要矿产已经从地下转移到地上。

例如，按照生态思维方式实现物质循环，石油除燃烧过程消耗一部分，有一大部分转变为塑料，它可重新变为石油；各种金属转移到制成品或废弃物中，它可以在产品完成它的使用周期后，通过拆解或再生以重新利用。据报道，地球上已堆积的废旧物资以万亿吨计，每年新增 100 多亿吨。发达国家的废旧金属蓄积量超过 1000 亿吨，其中大部分处于闲置和报废状态。但是，所有废旧物资都是非常宝贵的资源。已有实践表明，废旧物资的再生利用——无论是拆解其元器件翻修再利用或废旧物资提纯再生利用，不但比矿产开采、选矿、运输、冶炼的效率（经济效益）高得多，而且比后者消耗的能源、水源低得多，所排放的废弃物和造成的环境污染也少得多。英国《经济学家》杂志发表《循环利用的真相》一文，文章说："从矿石中提取金属尤其耗费能源。例如，铝的循环利用最多能将能源消耗减少 95％；塑料的循环利用可以将能源消耗减少 70％；钢铁、纸张和玻璃分别可以减少60%、40%和30%的能源消耗。"也就是说，依据生态思维，可能需要提出"资源利用模式"转变的问题。

工业文明发展中，矿产资源不可再生，工业生产采用"矿产—产品—废弃物"的线性生产模式，它不可能是持续的。生态文明的生态化生产，通过"资源再生"，采用"矿产—产品—资源再生—产品……"的循环生产模式，这才是可持续的。从线性思维到循环思维，设计"资源再生"的资源利用新途径，将为人类矿产资源利用提供无限的可能性。这是一种同时实现经济发展和环境保护的可持续发展的新模式。

这种思考导致我们哲学世界观的转变，导致我们的思维方式转变。工业文明社会，实行人统治自然的哲学，在人与自然生态关系中，构建一种少数物种或者某个物种凌驾于别的物种、统治多数物种的生态系统，它的崩溃是不可避免的，一定是不可持续的生态系统。现在，我们需要拒绝人统治自然的价值观，实现人与自然和谐发展；摒弃资本专制主义剥削自然的行为，实现人与自然和解；从线性生产方式转向物质循环的生产方式。这是物质生产的生态文明转型。

生态文明的本质是超越资本专制主义，以人为本实现人民民主、社会平等公正和共同富裕，实现人与人和谐；超越人统治自然的价值观，建设人与自然和解的世界，实现人与自然共存共荣和谐发展。这是社会全面转型，包括哲学世界观、价值观和思维方式转型，社会政治转型，社会生产方式和生活方式转型，社会文化转型，建设人类生态文明的社会。生态哲学和生态思维，在为建设生态文明的伟大事业的服务中，不断完善，不断发展。这是哲学的进步。这是哲学的光荣。

第二节　东西方两种哲学传统、两种思维方式

人类思维是认识世界的活动。它从人的意识或思想的产生开始。从制

造第一把石斧开始，劳动创造了人本身。[①] 有了人，人类劳动，人类社会形成，人把自己与别的动物和自然界区别开来，人就有了自我意识，有了认识，认识自然，认识社会，认识人自身，形成人类一定的认识方式，即思维方式。人的认识是主体性行为，人以一定的观点（思想）认识世界和改造世界（实践）。也就是说，人的思维方式是以一定观点思考（认识）和实践，东西方两种哲学传统形成两种不同的思维方式。文化的两个世界主要是以美欧为代表的西方世界和以中国为代表的东方世界。东西方两个世界有两种不同的思维方式：分析性思维和整体性思维。

一、分析性思维根源于古希腊哲学传统

东西方思维方式的差别是明显的。西方哲学，以还原论分析思维为特征，强调"分"。它的指导思想认为，世界是一台机器，机器是可以"分"的，把握整体的关键是分化，研究一个事物，就把它细分，再细分，研究清楚每一个细节，再还原到整体，称为还原论。凭据还原论，认识和把握事物的关键是"分"，分得越来越细、越小，再细、再小。首先，把统一的世界分为自然界和社会，再把自然界和社会做进一步划分，分得很细、很碎、很窄；同时，把科学分为自然科学和社会科学，并做进一步划分，分得很细、很碎、很窄。人也是一台机器，可以拆分为许多零部件，人的认识是认识这些零部件。虽然它有助于人们对事物深入、细致的认识，但往往使人陷入片面性。因为所有事物都是有机整体，其要素是相互联系、相互作用不可分割的，整体大于它的各部分之和，因为部分的相互作用产生了新东西。同样，社会物质生产也分得细，并且越来越细。上面我们说到，许多企业和工厂，甚至一个工厂只生产一种零件。同样，在社会领域，突出个人和个性，以个人、家庭、企业为中心。它强调对立的统一和斗争。这种思维方式根源于古希腊哲学传统。

---

① 恩格斯：《劳动在从猿到人转变过程中的作用》，《自然辩证法》，人民出版社 1984 年版，第 295~308 页。

　　古希腊时期是一个充满创新的伟大时期，哲学和科学的许多领域的成就曾深刻地影响了世界，成为欧洲文明的源头。古希腊哲学，从苏格拉底时期，到柏拉图和亚里士多德时期，他们的哲学决定了西方哲学发展的方向。德谟克里特是古希腊哲学的一位代表人物。马克思和恩格斯说，他是"第一个博学多才的希腊人"。他认为，世界本原是原子和虚空，原子是构成世界最小的、不可再分的粒子。原子又是世界终极的实体，是人认识的对象。科学技术革命和世界工业化发展推动的现代西方哲学，从笛卡儿和牛顿哲学，到黑格尔和康德哲学，以及培根和洛克完成还原论分析思维的创造，都是根源于古希腊哲学传统。

　　实际上，当科学和事物分得太细、太专时，根本就无法还原到整体，而且，忽视事物和科学之间的联系，不可能完整地了解对象，"还原"是不可能的。

　　美国哲学家哈格洛夫指出，现代哲学"基于希腊哲学从一开始所选择的总方向，生活在小亚细亚的希腊哲学家们完全不可能以任何系统的方式从生态学的角度去思考问题。首先，希腊人不可能把理解自然中的生态关系当作知识。像终极的实体客体一样，知识的对象被认为是持久的、永恒的和不变的……（例如）当一个希腊哲学家观察自然中的火时，火在他心中引发的是关于燃烧的物理学和化学原理的问题，而不是关于火对该地区的自然演化史的影响问题……简单性的假设促使希腊人忽视复杂的关系，而喜好更为简单的关系，这导致了还原论研究方法的产生，这种方法关注的是与其复杂整体相分离的部分。这种方法基于这样一种观念：复杂的联系和关系可以被分解为一系列简单的联系和关系。尽管这种方法对于现代科学的发展以及物理学和化学的发展来说无疑是至关重要的，但它却不是对作为整体的世界的真实研究"。①

　　西方哲学遵循希腊哲学决定的方向发展，形成还原论分析思维的传统。千百年来，虽然现代科学技术飞速发展，现代社会飞速发展，工业文

――――――――――

① 龙金·哈格洛夫：《环境伦理学基础》，重庆出版社2007年版，第28～30页。

明社会飞速发展，但是这种发展基本上是沿着希腊哲学的方向，遵循还原论分析思维进行的。它表现了理论和思维方式惯性，表现了社会物质生产的惯性，表现了科学技术发展的惯性，表现了社会发展的惯性。旅德华裔学者关愚谦先生说，他在欧洲生活 40 多年，结合中国经验长期观察欧洲文化，发现中西方文化之间的差异真是太大了，"简而言之，无论是德国、英国还是法国或者欧洲其他国家，都承认古希腊文明是欧洲文化乃至整个西方文化的摇篮，古希腊文明在欧洲的影响非常深远。如今世界上大家沿用的许多名称和文化习俗，都可以从古希腊找到其源头"。[①]

中国哲学的思维方式不同于西方，它以整体性循环思维为特征，强调集体、集团和整体，强调和谐、和合与循环。这两种思维方式的差别根源于两种不同的哲学传统，两种哲学、两种文化、两种思维方式，基本上独立发展，形成不同的思维和文化习惯。2004 年 9 月，在 "2004 文化高峰论坛"，杨振宁教授发表了以《〈易经〉对中华文化的影响》为题的讲演，提出 "《易经》的思维方式" 是一种整体性思维，这是完全正确的。但是，他把现代科学没有在中国产生，即著名的 "李约瑟问题"，归因于《易经》思维，这是不正确的。"李约瑟问题" 根源于中国社会、历史和文化的综合因素，我们将在后面的章节中加以论述。

二、根源于《周易》中国哲学的整体性思维

"天人合一" 是中国哲学的核心。《周易》说："《易》之为书也，广大悉备。有天道焉，有地道焉，有人道焉。兼三才而两之，故六。六者非它也，三才之道也。" 这就是 "天人合一" 的最早表述。根源于《周易》的中国哲学，无论是儒家、道家还是佛家，都遵循天人合一哲学的整体论观点。以天人合一哲学思考的中国思维方式，是人与自然统一的思维，生态整体性思维。

---

① 关愚谦：《"愚眼" 看中西》，《中国经营报》，2016 年 3 月 21 日。

1. 太极图表示易学哲学的思维方式

"阴阳"是易学哲学的一个最简单、最普遍、最基本的哲学概念。易学的"太极图",圆形的太极由阴(黑)和阳(白)构成,它们同在圆内,是相互依赖的、和谐的整体;阴内有白点,阳内有黑点,表示你中有我,我中有你,是不可分割的。太极动而生阳,动极而静,静而生阴,静极复阳,阴阳互动是不断循环的过程。《易经》用阴阳学说解说世界,有非常丰富和深刻的内容。它用太极图深刻、鲜明、简洁地展示世界,又表现了非常直观、形象、生动和通俗的形式。

2. 阴阳循环思维是中国思维方式的特征

"易"以太极道阴阳。"阴阳",用它来说明世界和它的运动。《易经·系辞下传》说:"夫易,广矣大矣!以言乎远,则不御;以言乎迩,则静而正;以言乎天地之间,则备矣!夫乾,其静也专,其动也直,是以大生焉。夫坤,其静也翕,其动也辟,是以广生焉。广大配天地,变通配四时,阴阳之义配日月,易简之善配至德。"《易经》涵盖的范围又广又大,包容天地的一切,与天地一致,阴阳交替就像日月运行一样,表现了它的规律性。而且,阳中有阴,阴中有阳,互相包含,"阳卦多阴,阴卦多阳,其故何也?阳卦奇,阴卦耦。其德行何也?阳一君而二民,君子之道也。阴二君而一民,小人之道也"。

阴阳互变是天地变化的规律,"复自道,其义吉也"。"彖曰:复亨,刚反,动而以顺行,是以出入无疾,朋来无咎。反复其道,七日来复,天行也。利有攸往,刚长也。复其见天地之心乎?"(《易经·复卦》)"复",阳刚反归,阳动,顺从自然之理而上行,出入没有疾患;反转复归,按照一定的规律,七日来复,这是大自然的运行规律;"天行也",利于进发,这是天地之生生不息的本质。

因而，"观变于阴阳而立卦；发挥于刚柔而生爻；和顺于道德而理于义；穷理尽性以至于命。昔者圣人之作《易》也，将以顺性命之理。是以，立天之道曰阴与阳；立地之道曰柔与刚；立人之道曰仁与义。兼三才而两之，故《易》六画而成卦。分阴分阳，迭用柔刚，故《易》六位而成章。天地定位，山泽通气，雷风相薄，水火不相射，八卦相错，数往者顺，知来者逆，是故，《易》逆数也。雷以动之，风以散之，雨以润之，日以烜之，艮以止之，兑以说之，乾以君之，坤以藏之"。（《易经·说卦传》）

圣人作《易》的目的，是按事物的本性和使命，立天之道、地之道、人之道，分阴分阳，迭用柔刚，天地定位，阴阳和合，实现天、地、人的持续的和谐发展。这一阴阳学说解说世界的结构及其运动，表现了"易"哲学最深刻的生态智慧。

"阴阳消长"是物质循环的一种形式，是物质运动的普遍形式和基本规律。地球全部物质运动都采取循环运动形式。"循环"，世界才生生不息；"循环"，世界才能无限发展。《易经》以"阴阳"概念揭示了物质循环运动的基本规律。

"循环"是从《易经》开始的中国哲学的特点和优点。古希腊哲学以及起源于希腊哲学的西方哲学，没有"循环"概念。它们讲对立统一的辩证法，没有阴阳循环思想，依据主—客二分哲学，形成还原论分析思维方式。这是一种线性非循环的思维方式。它对事物的认识强调分析，并把复杂的整体还原为单独的、独立的要素。虽然中国曾经批判"循环"的观点，说它是"形而上学"，虽然中国也曾经强调和奉行"对立面斗争"的哲学，但是"循环"与"和"是中国文化的精髓，是中国文化的传统。

也就是说，区别于西方分析性线性思维，"易以道阴阳"是一种循环的整体性思维。它认为，事物不仅有阴有阳，而且阴中有阳，阳中有阴，阴阳相等、相待、相依、相和、相转，万事万物相互联系、相互作用、相互依赖、相互转化。这是一种生态学的整体性思维。虽然生命有各种不同的层次，每一个层次的生命都是有机整体，甚至整个地球也是有机整体。在这里，生命存在、生命延续的实现形式是循环，生命的内在价值和自然生命力在生命循环中体现和实现。

　　整体性循环思维，这是从《易经》开始的中国哲学的特点，也是中国人思维方式的特点。现在，西方开始接受循环观念，把循环经济说成"循环革命"，并认为，这是"与哥白尼的发现同样具有重大意义的一场革命"。世界著名的飞利浦电子公司首席执行官万豪敦发表以《循环革命》为题的文章。他认为，维持现有的线性非循环的生产模式，要获得无限资源和存放垃圾的无限空间，这是不可能实现的。我们要把眼光投向大自然，"正如生态系统，以有效且带有目的性的循环，对一切加以重新利用，一种'循环'经济体系，将确保产品被设计为整个价值网络的一部分"。①这是中国《易经》阴阳循环的思想。

　　中国哲学整体性循环思维，虽然阴、阳是对立两极，阴阳互动是对立统一；但是，它区别于西方哲学的对立统一。美国学者卡普拉指出了这点。他说，马克思的对立统一规律基于黑格尔的辩证法，"我认为，马克思主义者对于斗争和冲突的强调是过分的。尽管斗争和冲突是变化动因的一个部分，但却并非其源泉。我与其追随马克思，宁愿追随《易经》，我相信社会变迁中的冲突可以降低到最小的程度。在讨论文化的价值和趋向的时候，本书自始至终将对于任何一种中国思想中都有而在《易经》中加以详细发展的框架加以广泛的运用，此即关于连续的循环流动的想法，特别是其中关于在宇宙节律的基础下面隐藏着阴与阳这两极的观念。中国哲人认为实在的终极本质是道，而实在是连续的流动变化过程。我们所观察到的一切现象无不参与这个过程，因而其本质就是动态的。道的根本特性就是永不休止的循环性，一切发展从本质上看均具循环性，无论是物理、心理还是社会现象均不能超出此模式。在此循环模式中，阴与阳这对立的两极则作为循环之极限：'阳至而阴，阴至而阳。'根据中国人的看法，道的一切显现都产生于两极的动态的相互作用，这两极以自然界和人类社会

---

　　① 万豪敦：《循环革命》，《参考消息》，2014年1月27日。

的许多相反的事物作为象征"。①

　　阴阳对立双方，不是属于两个不同的方面，而是属于一个有机整体。这是西方人难以理解的。李约瑟曾指出："机械论世界观在中国思想家中简直没有得到发展，中国思想家普遍持有一种有机论的观点。"

　　尊重和合理利用中国哲学的有机论观点，尊重和利用"阴阳循环"的整体性思维，有助于我们确立新思维，从工业文明的思维向生态文明的思维转变，从还原论分析思维向生态整体性思维转变。

第三节　生态思维：生态文明的思维方式

　　生态思维是用生态学有机整体论的观点思考。2012年，党的十八大提出"大力推进生态文明建设"的战略，要求将生态文明建设深刻融入和全面贯穿经济建设、政治建设、社会建设和文化建设的"五位一体"总体布局中。以生态学的观点思考生态文明建设，要求我们必须坚持：①经济建设是生态文明建设的基础，用有机整体论的观点思考经济建设，发展生态文明经济，首先需要进行循环经济的生态设计；②经济发展的先决条件是良好的自然环境，否则经济发展是不可持续的，因而需要环境保护道路的生态学思考；③经济发展的必要条件是充足的资源，否则经济发展是"无源之水"，因而需要资源战略的生态设计。循环经济建设，生态文明的环境保护道路，生态文明的资源战略，表现了生态思维的主要性质和特点。

一、生态文明的经济建设，循环经济的生态设计

　　生态文明社会发展以经济建设为基础。工业文明时代，经济发展遵循分析性思维，以线性经济为特征。虽然它有很高的效率并取得了伟大成就，但是也付出了沉重的资源和环境的代价。它是不可持续的。生态文明

---

　　①　弗·卡普拉：《转折点：科学·社会·兴起中的新文化》，中国人民大学出版社1989年版，第24～25页。

的经济发展超越工业文明的经济，以建设循环经济为特征。

1. 从线性经济走向循环经济

循环经济，是 20 世纪末由日本、德国等发达国家提出的一种新的经济形式。

1997 年，日本通产省产业结构协会提出"循环经济构想"，要求到 2010 年，发展循环经济，使日本新的环境保护产业创造约 37 万亿日元产值，提供 1400 个就业机会。2000 年 6 月，日本制定了《循环型社会形成推进基本法》，目的是脱离"大量生产、大量消费、大量废弃"的经济模式，建设循环型社会，促进生产、流通和消费中物资的有效利用或循环利用，以限制资源浪费和降低环境负担。依据这一基本法又相继出台《家电循环法》《汽车循环法》《建设循环法》等，并将废弃物零排放作为企业经营理念，逐步实现以清洁生产和资源节约为目标的产业结构。

1996 年，德国颁布实施《循环经济和废物管理法》，随后又制定了《包装条例》、《限制废车条例》和《循环经济法》等，成立了专门组织对包装等废弃物进行分类收集和回收利用，试图将生产和消费改造成统一的循环经济系统。

循环经济是一种新的经济学，其"三 R"原则是：减量化（Reduce）、再利用（Reuse）、再循环（Recycle）。新经济是循环经济，"循环"是它的实现形式。

进入 21 世纪，发展循环经济成为我国政府的决策。党的十六大关于"走新型工业化道路"设想，通过循环经济建设，走上科技含量高、经济效益好、资源消耗低、环境污染少、人力资源优势得到充分发挥的，经济发展与环境保护统一、人与自然双赢的道路。它成为我国经济持续发展的重要途径。2003 年人口资源环境工作座谈会提出，要加快转变经济增长方式，将循环经济的发展理念贯穿区域经济发展、城乡建设和产品生产中，使资源得到最有效的利用。最大限度地减少废弃物排放，逐步使生态步入良性循环。2007 年，十七大报告提出"循环经济形成较大规模"，我国经济建设走上发展循环经济的道路，发展循环经济是中国经济发展的新战略。

2. 循环经济是新的经济发展模式

外国学界在讨论世界发展问题时，提出"美国模式"（"华盛顿共识"）还是"中国模式"（"北京共识"）这样的问题。在经济发展模式的意义上，我们认为，主要是两种模式：一是工业文明的现代线性工业模式，二是生态文明的循环经济发展模式。

美国著名学者莱斯特·布朗认为，现在一种全新的世界经济正在出现。2001 年，他在《生态经济：有利于地球的经济构想》一书中指出，现代经济是"以化石燃料为基础、以汽车为中心的用后即弃型经济"。这是不适合新世界的经济模式，"取而代之的应该是太阳—氢能源经济，城市交通则以公共轨道系统为中心，多用自行车少用汽车，再加上广泛的再使用—再循环利用的经济"。这是循环经济模式，他称为"B 模式"。

2003 年，他在《B 模式：拯救地球 延续文明》一书中指出，需要为全球创建一种新经济，即从 A 模式到 B 模式发展。所谓 A 模式是传统的线性经济模式，B 模式是新的循环经济模式。2006 年 6 月他在中国生态经济学学会的讲演中说："中国面临的挑战是领先从 A 模式—传统经济模式—转向 B 模式，帮助构建一个新的经济和一个新的世界。"

从线性经济到循环经济，这是向新的经济模式转变的重要一步，或者说，它是新经济的主要特征。

3. 循环经济的性质和主要原则

循环经济的主要性质是，投入生产过程的资源，通过多层次利用或循环利用，减少或没有废弃物排放，资源最大限度地转化为产品，实现低投入、高产出和低污染。新经济学认为，自然资源是有价值的，它以肯定生命和自然界有价值为前提，因为自然资源有价值，它的使用需要付费，消耗资源要计入成本。为此，"自然价值"概念要纳入国民经济系统，自然资源消耗和环境质量进行经济核算、统计和补偿。这是新经济的一个重大改变。

循环经济与现代经济模式比较，具有 3 个重要特点和优势：①循环经济可以充分提高资源和能源的利用效率，最大限度地减少废弃物排放，保护生态环境；②循环经济可以实现社会、经济和环境的"共赢"发展；③循环经济在不同层面上，将生产和消费纳入一个有机的可持续发展框架中，包括企业内部通过清洁生产实现资源循环利用，企业和产业之间通过生态工业网络实现资源循环利用，以及社区和整个社会通过废弃物回收和再利用体系实现资源循环利用。这是我们在经济建设中，解决资源供给与需求之间的矛盾、经济发展与环境保护之间的矛盾，统筹社会经济与环境资源的关系，实现两者协调平衡发展的重要途径。

从线性经济到循环经济发展，生产过程不再以单一产品生产的最优化为目标，而是以整体最优化为目标，实现资源综合利用或循环利用。循环经济的性质表示，这是哲学思维方式的转变，是从思维方式转变到经济模式，是一种新经济的产生。

循环经济的主要原则有以下几个方面：

（1）遵从生态经济规律，实现经济规律与生态规律统一。运用科学的生态思维，一是要遵从生产关系适应生产力发展水平的规律，生产力结构与地理结构相适应，根据生态资源的特点设计生产力布局；经济发展中不断调整生产关系以及人与自然的关系。二是遵从经济再生产要遵从物质循环、转化和再生规律。经济再生产与自然再生产是交织在一起的。而且，经济再生产以自然再生产为基础。因而，经济发展不能损害自然再生产过程，对可更新资源的开发不能超过它的再生能力，使物质循环概念成为社会目标，通常意义上的废物重新进入经济过程，降低资源消耗速度，减少废料排放，实现资源充分和合理利用。三是遵从生态平衡、经济与生态平衡发展规律。它的原则是：一定的生态潜力是一定经济潜力的基础，两者相互依存互为条件，人对自然的需要不能"取走的比送回的多"；保持生态潜力的积蓄速度超过经济增长速度，随着每一次大量使用资源，社会必须投入用于资源保护的资金对资源消耗进行补偿，以维持利用和保护之间的平衡。四是以社会劳动和自然潜力的最小消耗，取得最好的生态经济效益，这是经济发展的基本规律。

（2）实现生态效益、经济效益和社会效益统一的原则。生态效益、经济效益、社会效益，是循环经济最重要的概念，实现三者统一是发展循环经济的目标。它们之间是有矛盾的。为了处理这种矛盾，主要做法：一是在力求取得经济效益的同时，注意改善生态状况，取得生态效益和社会效益；二是在力求取得生态效益和社会效益的同时，注意经济效益；三是通过经济效益提高，增强改善生态效益和社会效益的力量；四是通过建立对我们建设更加有利的生态关系，实现经济效益和社会效益的提高。这是解决经济效益与生态效益矛盾的主要途径。为了实现生态效益、经济效益和社会效益的统一，需要修改传统经济模式中有关财富、利润、效率等概念。财富，不仅仅是经济财富，更重要的是社会财富（人）和自然财富（环境和资源）；不仅社会物质生产（人类劳动）创造价值，自然界物质生产（生态过程）也创造价值，要承认生命和自然界的价值。利润，要用"利益"概念来替代，例如"企业最大利益原则"，不仅仅是企业的利润，而且还包括社会利益、生命和自然界利益，是企业的经济效益、社会效益和生态效益的统一，不能以损害社会效益和生态效益为代价去实现企业的最大利润。效率，要看它是为什么服务的，如果只是以企业实现多少利润计算，那是不全面的。例如在现行经济模式中，自然资源被认为是没有价值的，它被免费使用，没有计入生产成本，这样计算效率是扭曲的。

现在的世界经济，是在没有考虑地球的生态价值的情况下计算效率的。它没有准备为使用自然资源付款。如果真正按照生态系统对全球经济贡献的价值计算效率，并付出代价，那么全球价格体制将与现行的体制迥然不同。随着发展生态经济，实现经济发展的生态效益、经济效益、社会效益统一，人类可持续发展才是可能的。

二、生态文明的环境保护道路的生态学思考

环境保护是生态文明的事业。工业文明社会没有提出"环境保护"问题，因为环境污染只是个别和局部现象，没有成为全球性问题。20世纪中叶在人民反"公害"的社会运动中，第一次提出"环境保护"概念。1972年，以"环境保护"为目标的联合国人类环境会议发表《人类环境宣言》，

宣告"保护和改善这一代和将来的世世代代的环境是人类的庄严责任"，开启了世界环境保护事业。40多年来，虽然人类做出了巨大努力，投入最新科学技术和十分巨大的经济力量，但是并没有扭转环境继续恶化的趋势，或者说是"环境局部有所改善，整体继续恶化"。因为人们是按工业文明的模式思考环境保护问题。

1. 环境保护道路的生态学反思

40多年来，环境保护的主要途径，或者说，环境保护的道路是，建设一个新的产业——环保产业，生产净化废物的设备，对废水、废气和废渣进行净化处理，以避免"三废"的环境污染。全球环保产业年总产值达4万亿美元。我国环保产业被认为是十大战略性新兴产业之一，多年来产值保持两位数增长，2005—2014年，我国环保产业占全国GDP比例，从2.7%增长为6.3%，环保产业年总产值达4万亿元人民币（2014），预计2020年将达10万亿元。

但是，现在环境问题只是局部有所改善，环境保护的问题不仅没有解决，而且全球环境问题更加严重了。当然，不是说环保产业生产的净化废物的设备及其运转没有作用，而是说它没有解决环境保护的问题。现在中国环境污染问题愈演愈烈，看不到改善的迹象，中国被国外报刊评价为"世界环境污染的重灾区"，列世界污染最严重地区的榜首。环境问题成为制约我国经济社会发展的最大障碍，成为困扰中国崛起的最大难题。

为什么会出现这样的局面？

因为虽然环境保护是生态文明的事业，但是，现在仍然是按照工业文明的思维，用现代工业生产方式来对待。现代工业生产，如果用模式表示是："原料—产品—废料"。这是线性的和非循环的生产。它以排放大量废弃物为特征。排放废弃物导致环境污染成为威胁人类生存的问题。为了解决这一问题，就在原有模式上增加一个环节——净化废物。由此，生产模式变为了"原料—产品—废料—净化废物"，并发展了一个新的产业——环保产业，生产净化废物的设备，成为新兴的朝阳产业迅速发展。这样，社会产品的生产与环境保护分为两个独立的生产过程，由两部分人完成。

在这里，思维方式没有转变，生产方式没有转变，仍然是线性非循环的生产，只是在原有生产工艺基础上，增加了"净化废物"的环节。但它仍然是工业文明的生产。

问题在于，实践表明，安装在生产过程末端的净化设施，只能处理点源污染的问题，对大量面源污染的解决毫无办法；而且，这种末端的净化设施存在很大的局限性：第一，净化设施的生产、建设和运转需要巨大的投资，一般占企业投资的20%，甚至50%，这不仅影响经济发展，而且净化设施的生产和运转需要消耗大量资源，造成资源能源二次消耗和二次环境污染。第二，因为废物的数量非常巨大、性质非常复杂，净化设施不可能根本解决环境问题；在实验室条件下可以达到净化目标，但社会物质生产的条件下，很难达到净化的目标。第三，问题的实质还在于，所有被净化的"废物"都是有价值的，为什么不是利用它，而是花这样大的代价"净化"它？被净化的"废物"是有价值的资源，在生产中可以找到它的用途，花这样大的代价去"净化"它，这是非常不经济的。

现在实行的环境保护道路，是按照工业文明模式设计的。它不能达到环境保护的目标，转变是必然的。这就是从工业文明的生产方式向生态文明的生产方式发展，它的模式是"原料—产品—废料—产品……"。这是非线性的循环的生产方式，以原料的最大限度利用或循环利用为特征。在生态文明的循环经济的发展中，"废料"在另一个生产过程被利用，在统一的生产过程中解决环境保护的问题。这是生态文明的环境保护道路。

2. 生态文明的环境保护的生态设计

环境保护的生态反思告诉我们，从生态学的观点，在生物圈的物质生产中，有哪一种生物不排放废弃物，哪一种生物仅仅进行废弃物净化处理。生态系统中，生产者植物—消费者动物—转化者微生物，三者组成食物链，生物圈的物质生产是循环的，一种生物利用地球资源后，它的废弃物是另一种生物生存所必需的，所有资源在物质循环中被利用，这是一种物质循环利用的生产，一种无废料生产。因而，生物圈的物质运动已经运行30多亿年，至今仍然呈繁荣和进化发展的趋势，并没有持续发展危机。

人类活动带来的问题，它的解决需要新思维和新行动。发展环保产业的方式不能解决环境保护的问题。发展循环经济可能是兼顾经济与环境同步繁荣的一个途径。

生态文明的生产，产品生产与环境保护在统一的生产过程中完成，产品生产与环境保护成为统一的生产过程，由一组人完成。也就是说，在统一的生产过程中同时完成产品生产和环境保护的目标。这是真正的"资源节约型"和"环境友好型"的生产，将为人民创造足够的消费产品和良好的生产生活环境。这是一条根本改变环境问题恶化趋势、真正保护环境的道路，也就是循环经济的道路。生态工业的发展，产品生产与环境保护不再是两个生产部门，而是统一的生产过程，在产品生产过程中实现环境保护。

三、生态文明的资源战略的生态学思考

工业文明时代，人们认为地球资源是无限的，它取之不尽用之不竭，因而并没有"资源保护"的问题。世界工业化发展过早过量地消耗资源，20世纪中叶第一次出现资源全面短缺的现象。1972年，联合国人类环境会议发表《人类环境宣言》，首次提出"资源危机"问题，要求人们在使用地球上不可再生的资源时，必须防范将来把它们耗尽的危险，并且必须确保整个人类能够分享从这样的使用中获得的好处。1992年，联合国环境与发展大会发表《里约环境与发展宣言》，基于资源危机等问题提出世界经济、社会可持续发展战略。

1. 资源开发利用的生态学思考

40多年来，人们对资源问题的严重性，以及解决这个问题的重要性和紧迫性已经有所认识，在科学技术、资金、人力等方面做出很大投入。但是，问题不仅没有解决，没有缓解，而且是越来越严重了，全球矿产资源面临枯竭。我国资源全面短缺的问题又比世界上大多数国家要严重。这里的问题主要在于，虽然资源保护的事业已经启动，但是现在我们仍然主要遵循"原料—产品—废料"这一线性非循环的生产方式。在这样的生产中，发展和运用科学技术提高资源利用率和节约，虽然这是必要的，但是只能达到局部的效果，或延缓资源全面枯竭时刻的到来，并不能从根本上解决资源短缺的问题。

资源危机的严重性及其进一步恶化已经表明，人类需要以生态学的观点思考资源问题。这就是依据矿产资源有价值的观点，应用生态整体性思维，创造新的生产方式。它的资源利用模式是"矿产—产品—资源再生—产品……"。这是一种非线性循环的生产模式。通过"资源再生"的生产方式，实现地球资源可持续的开发、利用和保护。

这是从工业文明时代向生态文明时代的转变。时代变了，如果仍然在工业文明模式范围内来看待和解决资源问题，仍然在采取工业文明的途径，走工业文明的路子，那么资源问题是得不到根本解决的。

2. 资源再生在循环经济发展中的重大意义

资源再生是两个新兴产业：一是利用废旧物资生产再生资源；二是利用废旧设备生产零部件，或设备的再制造。这是解决资源问题的根本途径，它是经济发展模式转型的重要环节。遵循循环思维的资源再生，不仅具有重大的经济利益、生态利益和社会利益，而且在生态文明建设中具有基础性意义，是资源战略中的重大问题。资源再生是新的资源开发利用战略，它具有战略性意义。

（1）减少污染，有利于生态环境保护。经专家计算，每回收利用1吨废旧物资，可以减少10吨垃圾；每回收利用1吨废弃农膜或其他塑料，可以提炼700千克汽油；每回收利用1吨废钢铁炼钢，可以节省各种矿石近20吨，可以节约木材近4立方米、烧碱300千克、电300度；回收废旧电器和废纸等比开发原生材料更有利于减少污染、减少资源耗用。

（2）节约资源，有利于解决资源和环境问题。专家报告说，如果我国每年能取得发达国家40亿吨废旧物资中的10%，即4亿吨，按平均每利用1吨再生资源可节约原生资源120吨，少产生垃圾和废水10吨计算，每年可节约包括水、煤、石油、森林、矿产等原生资源4800万吨，少产生40亿吨垃圾、废水，可以大大节约我们的原生资源。矿石冶炼，不仅花费大量能源和其他资源，而且把大量矿渣和污染留在国内。其实，从废旧设备中回收金属可以大大降低成本和减少污染。例如，我国烟台的招远是著名的"金都"，每吨矿石可提取10多克黄金，但用废旧电器，每吨可提取50克黄金和其他贵金属，成本不到招远冶炼金的20%，这样既节约了自己的资源，又减少污染几十倍，减少进口矿石的费用，创造更多的效益。

（3）解决就业和农村劳动力的出路问题。以塑料为例——每一个直接拆解的工人所拆解的塑料，需要配套10个工人对其拆解物进行加工，0.5个工人参与运输、仓储等。仅"再生资源回收利用"这一个行业就存在1亿个就业机会。每利用1吨进口废旧物资，以解决0.1人的工作、增加产值3000元、产生利润500元计算，进口4亿吨废旧物资，可以解决4000万农民就业，增加产值1.2万亿元，获得利润2000亿元，为农民创收，这是解决"三农"问题的途径之一。

（4）节约生产成本，有利于经济建设。从进口废旧物资提取原材料，与进口矿石或用自己的资源比较，可以大大节约资源和成本，特别是减少环境损害及其治理费用。

有人在《犹太人的神思维》一文中讲了一个故事：1974年，美国政府为清理给自由女神像翻新而产生的废料，向社会广泛招标。但好几个月过去了，没人应标。正在法国旅行的一位犹太人听说后，立即飞往纽约，看过自由女神像下堆积如山的铜块、螺丝和木头等后，未提任何条件，当即就签了字。纽约许多运输公司对他的这一"愚蠢"举动暗自发笑，因为在纽约州，对垃圾处理有严格规定，弄不好会受到环保组织的起诉。就在一些人等着看这个犹太人的笑话时，他开始组织工人对废料进行分类。他让人把废铜熔化，铸成小自由女神像；用水泥块和木头加工底座；把废铅、废铝做成纽约时报广场的钥匙扣。最后，他甚至把从自由女神像身上扫下来的灰包装起来，出售给花店。不到3个月的时间，他让这堆废料变成了350万美元现金。这是一个很有启发意义的故事。

总之，工业文明时代，依据矿产资源没有价值的观点，遵循线性非循环思维，采用"矿产—产品—废弃物"的生产模式，它以排放大量废弃物为特征，把资源的绝大部分作为废弃物排放，导致资源短缺和资源危机，出现矿产资源开发利用不可持续的形势。生态文明时代需要超越这种线性非循环模式，依据矿产资源有价值的观点，遵循生态整体性思维，创造"矿产—产品—资源再生—产品……"非线性循环的生产模式，通过"资源再生"实现地球资源可持续的开发、利用和保护。这是我们关于资源战略研究的主要结论。

3. 在资源再生的国际大循环中开发利用资源

全球资源面临枯竭的形势下，中国作为工业化后发展国家，现在被称为"世界工厂"，工业化迅速发展，对资源的需求不断扩大，在自身资源供给不足的情况下，不断扩大国外资源进口，中国面临非常严峻的资源形势，主要的问题是：①制造业的发展，以每年消耗60亿吨矿产资源，成为资源消耗第一大国；资源全面短缺，同时资源利用效率低，存在严重的浪费和滥用。②自身资源供给能力不足，需要大量进口原材料，造成我国严重的经济损失。③现在，地球已经探明的矿产资源大部分开采完毕，世界上没有任何国家有能力支持中国的资源需求。应对资源形势的严峻挑战，除了加快科学技术发展，提高资源和能源利用效率；加快生产方式转变，克服浪费和滥用资源的现象；最根本的出路是转变资源战略和创新资源开发利用的模式。

现在，我国废旧物资的再生利用已经相当充分，世界的废弃金属、塑料、纸张等可再生资源，主要堆积在发达国家。建立全球再生物资回收系统，开发利用国外可再生资源，这是解决我国资源问题的重要途径，对我国经济建设和生态安全具有重大的意义。

4. 以中国力量开发世界"城市矿山"

世界工业化率先在发达国家兴起，它们首先利用了世界资源。相应地，发达国家线性形式的工业化高度发展，以及高消费和高废弃的生活方式达到最高水平，它们的报废设备和废旧物资堆积，形成"汽车坟墓""飞机坟墓""航船坟墓""轮胎大山""钢铁城市""塑料矿山"等等。这都是可回收再利用的资源，有无限的金属和石油制品等非金属。参与资源再生的国际大循环，这是解决我国资源问题的重要途径，是一个重大的战略机遇。

现在，全球废旧物资85%堆积在发达国家。但是，发达国家工人工资水平高，拆解回收报废设备和废旧物资成本太高。同时，制造业转移也使得发达国家已经不需要这种高成本的再生资源产业。发达国家没有能力开发世界"城市矿山"。

中国有条件有能力开发世界"城市矿山"：一是已经研发出拆解、加工一条龙式的资源再生产技术，形成"产品—废弃—再生产品"的循环经济；二是已经积累开发世界"城市矿山"的经验，通过参加全球再生物资回收系统，解决我国资源供给问题。这是生态第一的资源战略目标，保护我国环境和资源的可持续性。这是依据以惠及广大人民群众的利益为第一的原则，保留子孙后代开发利用资源的机会。我们将通过参加全球再生物资回收系统，以资源再生的方式解决资源供给的问题。这是创造资源再生产业的"海外淘金"时代，建立畅通的全球再生物资回收"绿色通道"或"全球再生物资回收系统"，为我国经济建设提供原材料，提供数以亿计的就业岗位，减少数百亿吨的废弃物排放。这是大有可为的。

总之，遵循生态整体性思维，制定生态文明的资源战略，采用"资源再生"的途径，以可持续的方式开发、利用和保护资源，这是解决我国资源问题的生态文明的发展道路。

第三章　动物性食品生产的生态思考

畜牧业，动物性食品生产的产业。它利用丰富的草场资源、海洋和其他生物资源，生产肉、蛋、奶等动物性食品。农业文明时代，以自然经济的生产方式为主，动物性食品的生产因其在社会生活中的地位有限，被称为副业。工业文明时代，由于工业化、工厂化和现代化的生产方式，畜牧业生产和产品非常丰富，极大地改善了人类的生活。但是，2015 年 10 月26 日，世界卫生组织宣布，加工肉制品为致癌物，并将生鲜红肉，即牛、羊、猪等哺乳动物的肉列为仅次于前者的"致癌可能性较高"的食物，震动了世界。接着，英国路透社报道，在中国人和猪体内发现一种对终极抗生素产生强耐药性的新"超级细菌"基因 MCR-1，它能在细菌之间转移并导致黏菌素彻底失效。黏菌素是对付细菌的最后一道防线，专用于治疗致命性最强的感染。因为它的使用会造成肾脏损伤，因而不准用于人。但是，养猪户发现，给猪喂食黏菌素能显著增肥，带来高收益、高利润。中国养猪业是世界第一大黏菌素消费产业，年消费量达 1.2 万吨。2011—2014 年，15% 的肉类抽检样品和 21% 的牲畜体内检出 MCR-1；现在又于中国人体内发现 MCR-1。日本媒体以《中国如何能防止抗生素"末日危机"》为题做了报道。① 此前，网上广泛流传牛奶致癌的文章。动物性食品是人

---

① 《世卫报告明确香肠火腿致癌》，《北京晚报》，2015 年 10 月 27 日；《中国人体内发现新"超级细菌"基因科学家呼吁限制使用多粘菌素》，《参考消息》，2015 年 11 月 20 日；《因给猪喂粘菌素产生耐药基因英媒建议少吃肉避免抗生素失效》，《参考消息》，2015 年 11 月 23 日；《中国须防抗生素"末日危机"》，《参考消息》，2015 年 11 月 26 日。

类摄取蛋白质的主要来源，人类现代化生活需要肉、蛋、奶。实际上，上述令人震惊的消息，它的问题不是动物性食品本身，而是以工业化的方式生产动物性食品的负面作用。我们认为，问题的实质是需要转变工业文明时代的畜牧业生产方式。因此，我们提出畜牧业生产的生态设计是以生态学整体性观点，按照生态学规律，思考畜牧业生产，对新时代的畜牧业进行生态设计，走上生态文明时代动物性食品生产发展的道路。

一、工业文明的动物性食品的生产和消费

世界工业化发展，现代科学技术应用于畜牧业，推动动物性食品的生产快速发展，畜牧业生产超越自然经济的生产方式，走上工业化发展的道路。肉、蛋、奶的生产和产品加工业迅速发展，极大地繁荣了动物性食品的消费市场，极大地丰富了人们的餐桌，改善了人们的生活，使发达国家的大多数人过上幸福的日子。

1. 工业文明时代动物性食品生产的特点

农业文明时代，肉、蛋、奶等动物性食品的生产是饲养、狩猎与捕捞并举，以家庭为单位分散和小规模地进行，家畜家禽采取自然放养或小型圈养的形式，依赖自然条件和自然资源，主要利用自然饲草等生物性饲料，产品自给自足，主要供家庭食用。因为规模很小，它依附于农业，是农业的一部分。它作为家庭的副业，无论是在家庭收入和家庭食品中所占的比重，还是对社会生活的作用都很有限。

工业文明的畜牧业的发展，现代科学技术应用于动物性食品生产、加工和销售，就像其他工业制成品的生产、加工和销售一样，在工厂里实施和完成，即使是大型牧场，也是采取工厂化的方式生产。它大多依附于工业，成为现代工业的一部分。

（1）动物性食品生产工厂化、规模化、标准化。

动物性食品的原材料的生产，如家畜猪牛羊、家禽鸡鸭鹅等，采取工厂化、规模化、标准化的养殖和生产。肉、蛋、奶的生产，需要把成千上万头猪、成千上万只鸡、成千上万头牛关在一起，让它们吃人工饲料、喝

自来水，完全没有自由活动的空间。这在农业文明时代是难以想象的。但工业文明时代的动物性食品原材料的生产就是这样的。

在这里，规模化和标准化是畜牧业的新的生产力。它的生产规模和标准、生产工艺和生产流程等，有明确的规定，是制度化的生产。因为一定的规模才有一定的产出，一定的标准和制度及其实施才能确保一定的产出，一定的规模和标准的实施才能确保一定的利润。工厂化、规模化、标准化，是工业文明时代动物性食品生产的第一个特点。

（2）动物性食品生产现代化、化学化。

工业文明时代，动物性食品的生产，它的投资建设，就像建设其他工厂一样，它的目标是资本增殖。为了投资的利润最大化，需要节约成本，因而需要工厂化和规模化。为了高效率的生产，必须利用现代科学技术，除了厂房建设，生产工艺、生产管理等都需要应用现代科学技术，特别是品种繁育，以及动物性食品的快速生产，需要大量使用各种各样的先进设施，各种各样的化学制剂；特别是在良种培育、饲料生产和生产管理的各个环节，需要大量使用各种各样的化学物质。因而，动物性食品生产现代化和化学化，是它的第二个特点。

（3）动物性食品生产制度化。

工业文明的畜牧业发展，肉、蛋、奶等动物性食品生产，从产品原料的生产、原材料采购、生产设备采购、产品加工和检测，到运输、储藏、市场销售和消费等各个环节，有一套科学严密的食品生产、产品管理、产品流通制度，有一个生产和产品的安全保障体系，保障它的各个环节是安全的。动物性食品从生产到消费的整个产业链都有制度保证，是制度化的。

2. 动物性食品工厂化、化学化生产的负面作用

工业文明时代动物性食品生产的工厂化、规模化、标准化、现代化、化学化、制度化，实现了投资效益和利润最大化，为社会提供了品种多样、数量充足、质量优良的肉、蛋、奶。但是，它同时也提出了非常严峻的挑战，食品安全问题、粮食安全问题、生态安全问题，就是动物性食品工

厂化、化学化生产负面作用的结果。

（1）食品安全问题。

世界卫生组织宣布，加工肉制品为致癌物，并将生鲜红肉，即牛、羊、猪等哺乳动物的肉列为仅次于前者的"致癌可能性较高"的食物。虽然这个结论仍然需要科学数据的论证和支持，但是这可能是动物性食品工厂化、化学化生产的负面作用的一个表现，它需要多学科的科学家在现代高科技实验室，经过长期的实验获得足够的数据加以论证。

我们作为消费者或思考者也可以说一点看法。作为肉、蛋、奶等动物性食品的消费者，在口感上我们感觉到，现在的肉、蛋、奶等动物性食品，没有以前的香味了，也就是说，我们感觉到它们的品质下降了。作为思考者，从生态学思考我们想到，鸡、鸭、猪等家禽家畜，如果作为肉食需要饲养一年，才能育成；现在在工厂里饲养，四五十天就可能出栏，是激素催长的。这种饲养场成了"生物制肉机"。因为使用配合饲料，除了粮食，还有多种化学添加剂，如促使快长的生长激素、瘦肉精等等；为了畜禽不生病应用各种抗生素。各种化学物质等在畜牧业中的广泛应用，缩短了动物饲养周期，促进动物产品产量的增长，降低动物死亡率，实现了高效率和利润最大化。但是，添加到饲料里的各种化学物质，在动物体内积累，人们食用畜产品时，这些化学物质虽然大部分可以通过体内排毒过程排出体外，但有一部分会在人的血管或器官内堆积。这些只是近百八十年才使用的化学物质，人类不习惯且没有适应能力，它们成为致癌物是完全可能的。

各种家畜家禽由祖先培育出来，是在自然条件下生长的，我们食用它们不会有问题。但是，通过生物工程和化学制剂的应用，以及完全改变在自然条件下散养的状态而在工厂里聚堆饲养。这样是否会改变它们的性状？例如，在自然状态下，一只母鸡生了10多枚蛋后就不生了，抱窝孵出小鸡，小鸡长大后继续生蛋，进入下一个生命周期。现在，通过生物工程和化学配料，让它们一年365天，天天生蛋不抱窝了，这还是母鸡吗？实际上，它们已经不再是生物学意义上的母鸡，而是一种生物化学机器，一种工厂化的"生物产蛋器",这样的蛋是自然食品吗?而且,它可能带有许多对人体有害的化学物质,它生产的蛋不会有问题吗?

同样,在自然状态下,母牛在生了小牛后才进入哺乳期,为了喂小牛开始产奶,小牛长大后就不再产奶了。只有母牛再次受孕后,才进入下一个生命周期。现在为了经济利益,一年365天,人为地不让它生小牛,不让它奶小牛,只许天天产奶。这样,它已经不再是生物学意义上的母牛,而是一种生物化学机器,一种工厂化的"生物产奶器"。这种奶又带有许多对人体有害的化学物质,喝这样的奶对人体不会是有害的吗?

(2)粮食安全问题。

农业文明时代,农民饲养数量不多的家畜家禽,大多是在自然环境中散养,搭以少量的粮食,主要利用自然界的饲草饲料;工厂化、规模化的饲养,主要饲料是粮食。但是,生产1千克肉、蛋、奶需要3~5千克粮食。现代化畜牧业的饲料用粮,约占全部粮食的1/3。现在,欠发达地区有许多人在挨饿,大量粮食用于动物饲料,加剧了世界粮食安全问题的严重性。

(3)生态安全问题。

家畜家禽作为农民副业的情况下,散养在自然环境中,它们的粪便在生态自然循环中作为肥料被利用,不存在环境污染的问题。但是,在动物性食品工厂化、规模化生产的情况下,有大量动物粪便产出;同时,肉、蛋、奶等动物性食品加工,又产生大量下脚料和废水废料。它们成为重要污染源,对生态安全提出严重挑战。

3. 工业文明的动物性食品生产的生产方式转变

工业文明的动物性食品生产和消费,已经达到最高成就。现在,它的负面作用凸现,对食品安全问题、粮食安全问题、生态安全问题提出严峻挑战。这是工业文明的畜牧业的生产方式和消费方式本身隐含的问题。这是由时代决定的。或者说,这是时代局限性的表现。它涉及的不仅是经济—社会可持续发展的问题,而且是人类生存的问题,是"生存还是死亡"的问题。问题的全面、深刻和严重性表明,它转变的时刻已经到来。这就是从工业文明的畜牧业生产和消费方式，转变为生态文明的畜牧业生产和消费方式。

这是一次根本性的转变。首先，它的价值观的转变。科学家在分析工业文明的价值观时，是以公有草地的变化为例说明的。美国学者加勒特·哈丁发表文章，他把地球想象为一个完全开放的牧场，在这里，每一个牧民都寻求财富最大化，通常都会放养尽可能多的牲畜，畜群不断扩大，增加一头，再一头……在土地承载能力的范围内，这种安排达到了相当满意的结果。但是，所有牧民为追求最大财富而不断增加牲畜，无节制地扩大畜群，超过土地的承载能力，最后导致草场的完全退化。这是一场悲剧，被称为"公地悲剧"。①

工业文明的畜牧业，无论是牧场的经营，还是肉、蛋、奶等动物性食品的工厂化、规模化的生产，它只有一个目标，就是投资的价值增值，实现利润最大化。它没有社会目标，不顾及生产对社会和子孙后代的影响；它也没有自然目标，不顾及生产对自然的影响。

其次，它的思维方式的转变。工业文明的动物性食品生产和消费，遵循还原论分析思维，即线性非循环思维——"原料—产品—废料"或"产品—消费—废料"。它以排放大量废物为特征，不仅极大地浪费资源，而且造成严重的环境污染、生态破坏、资源短缺的生态危机。

未来的畜牧业——生态文明的畜牧业，在价值观和思维方式转变的基础上，依据人与自然和谐的价值观，遵循生态整体性思维，对畜牧业生产进行生态设计，走上可持续发展道路。

二、中国草地资源和畜牧业的生态分析

中国有丰富多样的草地资源，有广阔富饶的海洋资源，它们作为重要经济资产，为畜牧业发展提供了良好的自然基础。中国的畜牧业不仅有良好的自然条件和自然资源，而且有重视畜牧业发展的历史传统，积累了

---

① 维西林等：《工程、伦理与环境》，清华大学出版社2003年版，第215～221页。

丰富的发展畜牧业的历史经验，现在又有它发展的迫切需要，它提供的动物性食品和皮毛等工业原料，在我国社会物质生产和人民生活中起重要的作用。30 多年来，随着工业化发展和科学技术成果的应用，我国畜牧业从自然经济的生产方式向工业化生产方式发展，同发达国家一样，现代化的饲养场提供了过去无法比拟的非常丰富的动物性食品，极大地改善了人民的生活。但是，它的严重的负面作用，对畜牧业的可持续发展提出严重挑战，有许多需要思考的问题。

1. 中国草地资源、海洋资源和动物性食品生产

现在，我国城市肉、蛋、奶等动物性食品，主要由现代化的养猪场、养牛场和养鸡场等大型企业供给。它们具有工厂化、现代化、规模化、科学化的特点。世界卫生组织关于加工肉制品致癌的宣告，警示未来动物性食品的生产和消费，可能会转向自然草场和海洋。我国大片的优质草场，广阔富饶的海洋，对于畜牧业未来的发展具有举足轻重的意义，是未来发展生态畜牧业的希望，是最可靠最宝贵的自然物质基础。

2. 开发我国广阔优质草场

草原是发展畜牧业的生产资料。我国拥有近 4 亿公顷草原，约占国土面积的 40%，居世界第二位，为耕地面积的两倍多，可利用的草地面积约3.3 亿公顷，居土地资源的首位。我国草地面积大、分布广，草地类型齐全，饲用植物种类多，资源丰富，草地畜牧业发展的潜力很大。

我国天然草地主要分布在西部地区，计有 40 多个民族近 1 亿人在这里生息繁衍，发展草原经济。畜牧业是我国重要产业，牧区承载 1.6 亿头牲畜，每年提供畜产品的价值在 600 亿元以上，据草地面积较大的 7 省区统计，它们提供的肉类产量占全国的 18%，奶产量占全国的 27%，羊毛产量占全国的 53%，在我国经济发展中占有重要地位。

在我国经济建设中，牧区人民对草地利用、建设和保护付出巨大的劳动，全国累计改良草地面积 1427.9 万公顷，其中人工草地面积超过 774.1 万公顷；围栏草地面积 912.9 万公顷；牧草种子田保留面积 35.2 万公顷，年产牧草种子 4.7 万吨，提高了草原更新能力。每年防治草地鼠、虫害面

积 400 万公顷以上，草地火灾面积也大幅度减少，在内蒙古、甘肃、新疆等地建立了 11 个草地资源保护区，牧区的生产条件得到一定的改善，畜牧业生产和人民生活水平有一定的提高。

按联合国粮农组织 2009 年公布的统计资料：我国生猪存栏 5.23 亿头，占世界存栏总数的 50.9%，居世界第一位；绵羊 2.19 亿只，占世界存栏总数的 18.72%，居世界第一位；山羊 2.46 亿只，占世界存栏总数的 25.14%，居世界第一位；牛 1.89 亿头，占世界存栏总数的 9.2%，居世界第三位。肉类总产量达 10845 万吨，禽蛋（不含鸡蛋）843.6 万吨，鸡蛋 3578.6 万吨，奶类 3785 万吨，其中肉类产量占世界总产量的 30%，禽蛋（不含鸡蛋）产量占 80%，鸡蛋产量占 40%，奶类产量占 5%。到 2017 年为止，我国肉类人均占有量已经超过了世界的平均水平，禽蛋人均占有量达到发达国家平均水平，而奶类人均占有量仅为世界平均水平的 1/13。

我国畜牧业发展将为居民提供越来越多动物性食品。

3. "牧海耕田"，开发蓝色畜牧业资源

广阔的海洋是巨大的碳水化合物的制造基地。丰富的海藻等海洋植物的光合作用，生产了丰富的有机化合物，养育了丰富的海洋生物。据报道，海洋生物有 20 多万种，世界 90% 的动物蛋白存在于海洋中。它像绿色草场一样，是"蓝色草场"，是发展动物性食品的自然基础。

中国海洋捕捞从远古时代就开始了。我们的祖先制造了独木舟，创造了世界上最早的海洋文化。它的主要特征，一是近海"以海为田，牧海耕田"；二是远洋航行领先世界。先人像陆地种庄稼一样耕耘海田，如蚝田、蚶田、蛏田、珠池、鲻池和盐田等，从海洋获取食物有久远的历史。考古发掘表明，中国东海岸北起辽宁南至两广漫长的沿海地带，有新石器时代留下的广泛的贝丘遗迹，伴有渔猎工具。这是中国古代海洋渔猎文化的证据。

我国海洋渔业资源主要集中在沿海大陆架海域，也就是从海岸延伸到水下大约 200 米深的大陆海底部分。这里阳光集中，生物光合作用强，入海河流带来丰富的营养盐类，形成了许多优良的沿海渔场，如舟山渔场。

近代以来，随着渔船和渔具技术发展，直接捕捞的海产品成为动物蛋白的重要来源。

现在，海洋捕捞探鱼和捕鱼技术又有长足改进，捕捞已从近海扩展到远洋。20世纪80—90年代，我国海洋捕捞量从330万吨增长到895万吨，1998年达1496万吨。同时，沿海海产养殖业快速发展，海产品产量和质量又大大提高。大规模的海洋产业，海产品捕捞、养殖和加工业迅速发展，海洋水产品在食品结构中的比重越来越大，海洋正在为社会提供越来越多的动物蛋白。

但是，世界工业化发展，现代科学技术的应用，人类活动对海洋的渗透越来越深入，随着人们从海洋获取的越来越多，海洋问题也越来越大。一是海洋污染不仅导致海产品减少，而且海洋生物污染使海产品质量下降，甚至引发食品安全问题；二是人们太贪心，要捕捞越来越多的海产品，过量捕捞不仅导致近海捕获量越来越小，要到越来越远的远洋捕捞，而且导致海洋生物多样性受损，海洋生物物种有急剧减少的趋势，海产捕捞有减少的趋势。工业化的海洋污染和过度海洋捕捞对海洋渔业可持续发展提出严重挑战。

三、中国草原生态危机对畜牧业可持续发展的挑战

我国肉、蛋、奶等动物性食品的生产和消费有3个问题：一是工厂化生产带来的问题，二是海洋捕捞带来海产品减少的问题，三是自然草场生态危机问题。它们都是亟待解决的问题。但草原生态危机可能是首要问题，因为自然草场资源的可持续开发利用，首先关系到民族地区的经济发展，特别是草原生态系统的健全和完善，关系我国半壁江山的环境质量，是重要的生态屏障，涉及我国生态安全问题。其次，关系我国畜牧业未来的发展，这就是我们说的草原生态系统可能是安全可靠的肉、蛋、奶等动物性食品供给的希望，因而是我国畜牧业发展的首要问题。

1. 沙漠化扩大的趋势

我国是受沙漠化影响最严重的国家之一。而且，沙漠化扩大主要在草

原地带，草场退化严重损害我国畜牧业的发展。据有关资料统计，我国沙漠化造成直接经济损失一年达540亿元，加上雪灾和其他自然灾害，对畜牧业造成严重的威胁。有报道说，由于沙漠化已经出现生态难民并有增多的趋势。有的学者说："没有畜牧业的经济是一种不完全的国民经济。"加快畜牧业发展的速度，对我国经济发展是十分重要的。这与草原的状况密切相关。

草场变为沙漠有许多原因，例如草原不合理开发，超载放牧，滥采药材和滥伐植被等，导致草原地区的水土流失；大气中二氧化碳含量增加，导致气候变化，干旱少雨，加剧土地沙化、荒漠化和草场退化现象。它被概括为草原"生态危机"，已对草原生态系统造成严重威胁。据报道，我国草场退化面积已占草原总面积的85.4%；沙化面积占35.6%，沙化和荒漠化的速度不断加快，1950—1970年荒漠化面积每年扩大1560平方公里，1980—1990年每年扩大2100平方公里，20世纪90年代以来以每年2460平方公里的规模扩大，已经形成从西到东长4500公里、宽600公里的风沙带，沙尘暴的频率和强度不断加剧，危害地区不断扩大。此外，草原碱化面积占5.7%，水土流失面积达100%，虫害面积占80%，鼠害面积占46%～55%，形成草原生态危机的严重形势。

2. 草原养育生命的质量下降

沙漠化是草场退化的一种表现，一些片面的政策，如不合理的集约化和私有化经营、不合理的围栏和禁牧、不合理的生态空间布局等，导致草原生态系统变化，草原养育生命的质量下降，草原生物多样性受损，草原生物量减少，草原生态危机扩大。

3. 草原生产要素投入不足，生态功能退化

草原作为经济资产，它的开发力度和保护力度必须协调，才能维持它的生态功能与生产力功能的平衡，畜牧业发展与生态建设协调并进。主要是，开发草地的同时保证相应的投入，包括经济投入和科学技术投入，如加快研究、繁育和推广牲畜优良品种，重大动物疫病防治，重大自然灾害的预报预防，等等。

现在的问题是，草地利用程度超过了自我调节的限度，过度开发，投入不足加剧了生态功能退化，造成草原生态系统平衡失调，导致草原生态系统的生产力和生态环境服务功能退化，最终形成生态危机的恶性循环。

四、动物性食品生产和消费问题的生态学思考

现在，我们的肉、蛋、奶等动物性食品的生产和消费，主要依靠工厂化、规模化的饲养场，不仅城市里，就是许多农村也是这样。世界卫生组织报告说，加工肉制品甚至红肉可能致癌。我们的肉、蛋、奶等动物性食品生产，是不是需要从大规模的养殖场转向草场和海洋？或者我们是不是接受这一转向？是不是已经准备好了这一转向？这是我们需要思考的问题。

1. 关于动物性食品生产转向

肉、蛋、奶等动物性食品是我们蛋白质的主要来源。我们的生存、发展和享受需要它。吃肉与致癌有直接的因果关系吗？

世界卫生组织发表报告说加工肉制品致癌，如果说真的致癌，那是由于工厂化、化学化的动物性食品生产方式有问题，而不是肉、蛋、奶等动物性食品本身有问题。此前人们吃肉的历史已经千百万年，人处于生态食物链顶端，吃肉是符合生态规律的。吃肉与致癌没有直接的因果关系。

"我们还能愉快地吃肉吗？"回答是肯定的，但前提条件是，当前工厂化、化学化的动物性食品生产方式需要转变。现代化的动物养殖场，把动物变成机器，猪群变为制肉机，鸡群变为产蛋器，牛群变为产奶器。这在经济学上，可能是赚钱了。但是在生态学的意义上，它是"反自然"的；在生物伦理学的意义上，它是"不道德的"；在人类学和社会学的意义上，它是"不健康的"。

如何实现动物性食品生产方式转变？显然，现在取消所有的现代化养猪场、养鸡场、养牛场，这是不可能也是不现实的。但是，更加科学、规范和完善地应用饲养动物的生物工程（转基因技术），限制配合饲料中化学物质的应用，改善饲养场的动物生活条件，等等，这是需要的，也是可以做到的。比如，人们偏好柴鸡蛋，即使多花一点钱也乐意买这种鸡蛋。虽

　　然，此前主要不是从可能导致癌症这样可怕的疾病考虑，而是从质量如口感和营养成分考虑。

　　柴鸡蛋的生产方式，是否对改进规模化、工厂化的现代养殖场有借鉴意义？现在市场上的柴鸡蛋也并不都是在自然环境中散养，靠吃虫子和草的母鸡生的，主要还是靠配合饲料，但是减少或不使用化学添加剂，它的生活条件和生存空间要好一些，因此这种鸡蛋要安全和健康一些。

　　柴鸡蛋和其他贴绿色商标的食品，被称为"绿色食品"或"天然食品"。人们从食品安全、身体健康考虑，青睐绿色食品，但是也有疑虑，"它真的是绿色的吗？"这种疑虑具有普遍性。因而，给绿色食品以科学和明确的定义，对绿色食品的生产和消费（从原料产地和生产、产品加工和储运到市场和消费）的整个过程做出具备法律约束力的规定是很有必要的。

　　2015年11月11日，美国一家财经网站发表题为《30多年过去了，美国政府终于要对"天然"食品下定义了》的文章说："'天然'一词有着漫长而令人不快的历史，上世纪70年代中期，这个词进入了联邦监管视野。当时联邦贸易委员会提出，将天然食品定义为任何'不含人工成分，只经过轻微加工'的食品。不过到了1983年，该委员会放弃了这一努力，说这样一来要认证的食品实在太多了……虽然'天然'食品于消费者和产业界有益是无可争辩的，但'没有一条意见给该局指明定义的具体方向'。这种悬而未决的状态一持续就是几十年。"可能是因为世界卫生组织把加工肉制品称为"致癌物"，因而再次要求政府给"天然"食品下定义。但是，文章并没有给出定义。①

　　给"天然"食品下定义，这是需要科学界、产业界和消费者共同努力解决的问题。而且，"天然"食品也许只是解决工厂化、化学化的动物性食品的生产和消费问题的一个过渡。从大规模的养殖场转向草场和海洋满足人类对动物蛋白的需要，也许是解决这个问题的另一个重要方向。现在

―――――――――――

① 《美国要给"天然"食品下定义》，《参考消息》，2015年11月12日。

的草场是不是能承担这样的任务？

2. 天然草场有能力支持动物性食品生产转向吗？

虽然，天然草场和海洋足够广大和富饶，它们有能力满足人类对动物蛋白的需要。但是，草原生态危机和海洋污染不断加剧，它们的生产力受到损害，承担动物性食品生产目标的服务功能又受到限制，需要加大对草原生态系统和海洋生态系统的保护力度，加大其生态建设的力度。例如，草原生态危机，有自然因素，也有人和社会因素。它的解决有加大经济和科学技术投入的问题，也有政府的政治意愿和政策调整，草场经济的正确的顶层设计，社会、文化发展政策等问题。我们从生态学的角度做一些讨论。

20 世纪 90 年代，为了提高牧民生产积极性，我国在西部牧区实施草地承包的政策，像农田家庭承包一样，把草场承包给牧民个人。这样，牧民明白自己的家底，知道自己有多少草地，可以养多少牛羊，积极地规划自己的生产和生活。草原承包到户后，中央财政每年安排专项资金给予奖励，支持内蒙古、新疆、西藏、青海、四川、甘肃、宁夏和云南 8 个主要草原牧区的省（自治区）及新疆生产建设兵团，全面建立草原生态保护补助奖励机制，以实现草畜平衡，畜牧业发展方式转变，草原增绿、牧业增效、牧民增收的目标。例如，西南牧区的楚雄，2011 年实施"草原生态保护补助奖励机制政策和草原家庭承包"计划，5 年共投入资金 2.12 亿元，支持牧民个人经营承包草场，使广大牧民受益。

"围栏"是草场承包制的标志。承包草场后，为了养育自家的牲畜防止别人的牛羊进入，牧民便在自己承包的草场上兴建围栏，随之出现一个新兴产业——围栏生产企业。现在，网络上输入"围栏"二字，马上跳出数不清的生产围栏的企业，它们制造塑料、钢铁等不同材料、不同规格的围栏。牧民把自己承包的草场圈起来，使之分割为无数的小块，有人戏称为"新圈地运动"。

历史上的英国圈地运动，是一个推动历史进程的重大事件。14—15 世纪英国农奴制解体过程中，新兴的资产阶级和新贵族通过暴力把农民从土地上赶走,强占农民的土地,剥夺农民的土地使用权和所有权,限制或取消原有的共同耕地权和畜牧权,并把强占的土地圈占起来,养羊业快速发展,利用新发明的纺纱机,英国毛纺业雄踞天下。同时,农民与土地分离,失去土地的农民成为雇佣工人流入城市,为英国资本主义的发展准备了大量的自由劳动者,大大促进了英国的工业发展。这是残酷的资本原始积累过程,它推动了英国工业化进程。

如果说,历史上的英国圈地运动,虽然不筑围栏,但改变了社会;中国牧区的钢铁制成的围栏,可能会永远改变我国自然草原,改变游牧的草原文化。这种变化有利于动物性食品生产从工厂转向草原吗?

在茫茫的草原上,记者报道说,一眼望去最显眼的不是羊,不是牛和马,而是密密麻麻的铁丝网围栏。牧民户与户之间、大队与大队之间、冬草场与夏草场之间,被一道道铁丝网阻隔。围栏使牲畜走动的范围缩小了、固定和封闭了,造成"草场生态破碎化"。

围栏,牛羊在小范围饲养,这是人为地造成过度放牧,而且,在围栏内牲畜的践踏对草场的损害甚于啃食,草场容易被踩坏,围栏导致自然草场退化。围栏后不宜饲养大牲畜,其实牧场内饲养大小不同的牲畜,利用不同的牧草,有利于提高畜牧效益,有利于牲畜与草场的生态平衡,有利于维护草原的生物多样性。

生态学家、内蒙古大学刘书润教授指出:"为了减少羊群对草原的破坏,一些人提出了'载畜量'概念,以便实现草畜平衡,在牧民看来这很荒唐。其实牧民最清楚一片草场养多少只羊合适,他们会因为多养了一只不该养的家畜而感到遗憾。至于草原退化和羊的关系,他们认为由于草场家庭承包后建围栏限制了牲畜的移动,四只羊蹄的践踏带来的负面影响比羊吃草带来的影响更大。"①

兰州大学韦惠兰教授指出:"草场承包和围栏使牲畜移动的范围变小。在一个自然条件十分恶劣且水源条件分布极端不均匀的地区,承包到户的

---

① 刘书润:《羊年话生态》,《人与生物圈》,2015 年第 1 期。

草场有许多没有水源，产生了制度性缺水。"① 所谓制度性缺水，指原本水源并不缺乏，是草场承包制度，使承包地不临水源的一些牧民缺水。

3. 从"家庭承包"到"联户放牧"

刘书润指出："国家为草原投入大量资金，推动集约化特别是草场使用权私化的进程，其结果是得不偿失的。国家花费重金在草原搞围栏工程，草原由此被分割成无数个牧户私人领地，牧民不再移动逐水草放牧，野生动物也常常身陷囹圄，生态和文化都遭受了破坏。对于农区而言，有了土地才代表人有权利，个体经营因此开展。但草原按人头分配后，则证实了一位美国草原专家在 20 世纪 30 年代的一句名言：一个人的草原是没有价值的。另外，较之居住权、草场家庭承包经营权，游牧民族首先需要的是牲畜的移动权、草场的集体共用权。"②

草场承包、围栏，除了上述问题，牲畜饮水的问题也非常突出。草场承包把大草原分割成一块一块以后，许多家庭没有饮用水源，引起许多不便和矛盾。为了有利于公共水源的利用，21 世纪初甘肃省玛曲县牧民创造了"联户放牧"的制度：少至几户多至 80 多户，自动联合在一起放牧。这是牧民应对困境的自主选择。兰州大学韦惠兰教授认为，首先，草场承包导致了"制度性缺水"；其次，甘肃玛曲牧民有逐水草而居选择优良牧场游牧的文化传统，所以选择了联户放牧的生产方式。她说："联户经营的最大特点就是共用草场共同协作，除了能更合理地利用草场，解决水源不均的问题，它还有保险功能。甘南牧区气候多变，旱灾、风灾、雪灾、蝗灾、鼠灾等时有发生。在防范自然灾害方面，联户的这种集体行为能够在一定的程度上分担风险，一块草场遇灾还能转场到其他草场去。而牲畜的剪绒、剪毛、去势、打印、打草，还有马、牛、羊等大小畜分群放牧，甚至捻牛毛线这样的活动，单靠个体也无法胜任，需要社群的合作。"

联户放牧被认为是一种更有生命力的内生性制度安排。韦惠兰教授

---

① 韦惠兰：《为什么牧民走上联户之路?》，《人与生物圈》，2010 年第 2 期。
② 刘书润：《羊年话生态》，《人与生物圈》，2015 年第 1 期。

说:"现在的联户既不同于以前宗族社会的管理模式,也不同于人民公社大集体时的强行联合,那时牧民是'被合作',现在是牧民自主选择,是在尊重地域分异规律基础上,对自然环境的适应,对社会环境的适应,对经济环境的适应。这种规则是通过一代代的实践经验形成的,是游牧民族所处的恶劣自然环境与牧民长期积累的丰富智慧相结合而产生的内生制度。"①

4. 禁牧、游牧与草原保护

禁牧,指草原长期禁止放牧利用,是一种对草地施行一年以上禁止放牧利用的措施。2011年,按照草原保护政策,"禁牧草场要求是保持原生态,既不允许放牧,也不允许流转改变其形态"。如河北省张家口市出台政策,从2010年3月15日起,尚义县全县完全禁牧,并且是无限期的禁牧,全县50多万只牛、羊等牲畜只能在家里圈养,国家给予牧民每亩草场每年9.67元的补贴。同时,政府政策允许承包草场流转。

但是实践表明,禁牧和流转在一些牧区反而导致草场退化。例如,2014年被纳入国家三江源生态保护工程的青海省共和县,有一处3.9万亩禁牧草场被流转,有2700亩草皮被推平,以承担政府生态经济林扶持项目的名义种植枸杞和杨树。记者实地调查后看到,这里的林木因成活率太低验收不合格,水土流失导致砾石裸露、黄沙泛起,已经向沙漠化发展。

关于禁牧,刘书润教授指出:"牲畜和草原属于同一生态系统,都是同一生态系统的重要成员。内蒙古牧民有句谚语:'没有太阳,宇宙就会黑暗;没有牲畜,草原就没有草。'羊群的存在,调节着草原的生态,它们的采食可以刺激对应牧草的分蘖生长,行走践踏可以疏松表层土壤,排便则可以传播草种。如果长时间完全禁牧,那么特定牲畜所对应的牧草种类将因为得不到应有的刺激分蘖而逐渐消失。由于植物多样性的减少,草原就会退化,其后果甚至比过度放牧还严重。目前内蒙古草原上的禁牧是一个需要引起高度关注的问题,因为长时间的禁牧会导致草的种类减少或

---

① 韦惠兰:《为什么牧民走上联户之路?》,《人与生物圈》,2010年第2期。

者部分草种的消失，使草原生态变得单纯化、极端化。因此，在进行草原生态质量评估时仅仅考虑植被的高矮疏密是片面的。"①

实际上，草地适度开放不会对生态造成危害，只有过度才会引起危害。生态专家以国家重点保护植物四合木为例，说明封闭（禁牧）达不到保护的目的。四合木为强旱生植物，是最具代表性的古老残遗濒危珍稀植物，被学术界评价为亚洲中部荒漠区的特征种属，被誉为植物的"活化石"和植物中的"大熊猫"。它的分布范围很小，是国家重点保护植物。为了保护这一中国特有的珍稀植物，在西鄂尔多斯荒漠地专设四合木保护区，实行禁牧政策。但是，3 年以后，禁牧的地方虽然四合木长得很高，但都死了。然而，在有羊群活动的地方，它的长势却很好，牧民说："因为放牧，所以植物才长得好。"②

草场作为一个健全的生态系统，草地植物是生产者有机体，它的光合作用，利用太阳能把二氧化碳和水转化为碳水化合物；牛羊等动物是消费者有机体，食用植物生产的有机物；细菌等微生物是转化者有机体，把动物和植物生产的废物转化为生命元素，重新为植物利用。这是一个生命整体。牛羊是草场生命的一部分，它们必须吃草才能生存；同样，牛羊吃草才能维持草场的健康。它们相互联系、相互依赖、相互作用，是一个不可分割的有机整体。

游牧是有利于牲畜与草场生态平衡的一种生产方式。它又称"转场"，是一种特有的草原文化。陈寿朋教授《草原文化的生态魂》一书指出："游牧就是四季轮牧，其核心和关键是按季转移放牧场地。牲畜是牧民与自然的中介，牲畜只有通过吃草才能存活和繁育。牧民们深刻地了解牲畜与草地的关系，也深深明白要想保持草原的生态平衡，就必须采用游牧方式。牧民……按季节将牲畜转移到水草丰茂且气候相宜的营盘内放牧。游牧不仅有利于牲畜防疫、长膘，而且能保持草原生态平衡。此外，由于草

---

① 刘书润：《羊年话生态》，《人与生物圈》，2015 年第 1 期。
② 刘书润：《羊年话生态》，《人与生物圈》，2015 年第 1 期。

杂和运动的原因，游牧的牲畜比圈养的牲畜肉质更好。可以说，游牧是一种适应自然和经济规律的畜牧业生产方式，它并非出于人们的感情和爱好，而是遵循着自然规律进行的周期性的循环运动，具有内在的规律性。"①

关于草场承包、围栏和禁牧的政策和实践，我们援引了多位专家的讨论。我们赞同他们的看法。我们认为，草场承包、围栏、禁牧等导致草场退化，这是"制度性"草场退化，而不是自然性草场退化。

应对当前动物性食品安全问题的挑战，从大规模的养殖场转向草场满足人们对动物蛋白的需要，建设健全的草原生态系统和成功的畜牧业，是希望所在。

五、生态牧业，生态文明的畜牧业发展道路探讨

工业文明的畜牧业，它的动物性食品生产，依据人与自然主—客二分哲学，遵循分析性思维，这是一种线性非循环思维，它的生产设计是：资源开发—产品生产—排放废物。这种线性非循环工艺，以排放大量废物为特征，是不可持续的。它的工厂化、化学化的生产，带来严重的食品安全问题，对人体健康提出严峻挑战。现在到了转变的时候了。从工业文明的牧业向生态文明的牧业转变，遵循现代生态学观点，进行生态整体性思维，按照客观生态规律，对畜牧业发展进行生态设计，探索一条生态文明的畜牧业发展的道路。

1. 超越工业文明的牧业，建设生态文明的牧业

工业文明的牧业，肉、蛋、奶等动物性食品的生产，像其他制成品的生产一样，运用现代科学技术进行工厂化、规模化、化学化的生产。现在，它对人体健康和人类可持续发展的严重挑战，表示它需要转变，而且是根本的转变，首先是它的价值观的转变。

（1）工业文明牧业的价值观是单标尺的，只有利润目标。

工业文明牧业的价值观是单标尺的。也就是说，它只有一个目标，即

---

① 陈寿朋：《草原文化的生态魂》，《人与生物圈》，2015 年第 1 期。

投资价值增值，追求利润最大化。它的生产工艺的设计和运行，采用工业化生产方式，它的厂房要有一定的规模，它的物种采用生物工程（转基因）技术生产，它的配合饲料中化学添加剂广泛应用，它的生产管理，等等，都是为了缩短生产周期，增加产品产量。只有利润最大化一个目标，它没有环境目标，没有社会目标。

30多年来，随着工业化的快速发展，我国畜牧业发生了天翻地覆的变化，从自然经济的生产方式迅速发展为工业化的生产方式，大型畜产品养殖企业，提供社会主要动物性食品的供应。由于政府的环境保护要求，公众对绿色食品的企盼，厂家打着"生态牧业"或"绿色牧业"的旗号，虽然增加了一些保护环境的措施，但在实质上仍然是工业文明的牧业，如养猪业中黏菌素和瘦肉精等化学物质的使用便是这样的。

（2）生态文明牧业的价值观是双标尺的，以人与自然和谐为目标。

所谓双标尺，是指肉、蛋、奶等动物性食品生产，生态文明牧业的目标不是一个，即只有投资价值增值，利润最大化。它的目标有两个，是环境目标和社会目标。环境目标是环境保护的要求，不能以损害环境为代价追求利润。社会目标是符合社会发展的要求，一是产品有利于现代人的健康；二是有利于子孙后代的生存，不能以损害现代人和子孙后代的利益为代价。

现在，动物性食品生产的所有问题都根源于工业文明牧业单标尺的价值观。问题的解决，先决条件是这种价值观的转变。但是，从单标尺的价值观转变为双标尺的价值观，是一次根本性质的转变，可能需要经历非常复杂和长期的过程。

（3）制定具有法律约束力的动物性食品生产标准。

动物性食品生产标准，是对动物性食品营养和健康的质量要求。它是依据价值观制定的。而双标尺的价值观，则会很灵活或模糊，难以检测，因此需要制定产品的具体标准，对厂家产品规定几条硬性要求，而这是可以做到的。

现在，以工厂化、规模化的动物性食品生产为主体的厂家是肉、蛋、奶等动物性食品主要供给方，这种现实在短期内难以改变。在这种情况下，为动物性食品生产制定和实行具有法律约束力的生产标准，这是非常迫切的需要。

2. 依据生态学观点进行畜牧业发展的生态设计

上面关于草场承包、围栏和禁牧的生态讨论中，我们看到，当前有些出于保护草原、繁荣畜牧业的政策和措施，在实际上不仅没有实现草原保护，相反却导致草场退化和生物多样性减少。我们认为，主要问题在于它违背生态规律。畜牧业发展的生态设计，是按照生态学整体性观点思考，遵循生态规律进行动物性食品的生产。

畜牧业发展的生态设计，遵循中国古代思想家老子的"道法自然"哲学，畜牧业发展要遵循自然之道，即"人法地，地法天，天法道，道法自然"。当前我们的问题，无论是大型畜产品养殖场带来的问题，还是"制度性"草场退化的问题，这是违背自然或"反自然"的结果。其实，广大牧民继承祖先千百年积累的畜牧经验和智慧，他们对草地、对牲畜最有认识，最理解草原和牲畜，我们要尊重自然，尊重广大牧民，在继承历代遗产的基础上，运用现代科学技术，发展生态文明的畜牧业。

而且，畜牧业发展的生态设计，要遵循现代生态学家揭示的生态规律，发展新时代的牧业生产。美国著名生态学家巴里·康芒纳认为，生态学有4条生态原则或生态规律：①每一种事物都与别的事物相关。这是"生态关联"原则。任何一个生态系统，包括许多相互关联的事物，它们相互联系、相互作用、相互依赖，事事相关。②一切事物都必然要有其去向。这是物质不灭定律。它所强调的是，在自然界中是无所谓"废物"这种东西的，生态系统中一种有机体排出的作为废物的东西，会被另一种有机体当作食物而吸收。③自然界所懂得的是最好的。这是"生态智慧"原则。在生态演化中，"那些不能与整体共存的可能安排，便会在进化的长期过程中被排除出去。这样，一个现存的生物结构，或是已知的自然生态系统的结构，按照常识，就是'最好的'。"不是天然产生的，如人工合成的有机化合物，在生态系统中就可能是非常有害的。④没有免费的午餐。

这是"生态代价"原则。"这条法则主要警告人们，每一次获得都要付出某些代价。因为地球生态系统是一个相互联系的整体，在这个整体内，是没有东西可以取得或失掉的，它是受一切改进的措施的支配，任何一种由于人类的力量而从中抽取的东西，都一定要放回原处。要为此付出代价是不能避免的，不过可能被拖欠下来。现今的环境危机是在警告：我们拖欠的时间太长了。"生态学关于生态系统整体性的看法，是关于生态学主要规律的看法，按康芒纳的说法，这是"关于一个地球上的生命之网的看法"。①

世界卫生组织关于加工肉制品致癌的报告，中国人体内发现新的"超级细菌"基因，中国养猪业过度使用黏菌素导致抗生素"末日危机"，以及草场生物多样性减少和草原生态危机，等等。现在在肉、蛋、奶等动物性食品生产的种种问题，都可以归结为违背"道法自然"的哲学，违背生态规律的结果。

依据生态学的整体性观点，遵循生态规律，进行畜牧业发展的生态设计，这是生态文明的动物性食品生产发展的必由之路。

3. 生态文明的畜牧业发展道路的探索

工业文明的动物性食品生产已经达到它的最高成就。与这些成就伴行的问题，如食品安全问题、草原生态危机、环境污染等等，全面凸现出来，损害人类可持续发展，成为威胁人类生存的全球性问题。这表示一次深刻的变革即将到来，我们将迎来生态文明新时代。新时代需要有畜牧业发展的新道路。它的具体路径现在我们还不知道，但它的方向是遵循生态规律，通过生态设计，走一条生态发展的道路，这是没有疑问的。我们讨论它的两个可能的方向。

（1）动物性食品生产从工厂化转向生态化。

1984 年 11 月，笔者参加贵州省国土资源开发论证会，在黔东南地区

---

① 巴里·康芒纳：《封闭的循环——自然、人和技术》，吉林人民出版社 1997 年版，第 24～37 页。

进行国土开发调查。那时听说，贵州黄牛肉在香港很有名，但是由于交通不便没有大规模生产。在调查中发现，贵州不仅有良好的黄牛物种，而且黔东南地区有大片良好的草场，因而认为这里有良好的商机。但是，良好的草场没有很好地利用，而是让它年复一年地自生自灭。这是很可惜的。当时，黔东南榕江县计划投资 100 万元进行锑矿开发。这是一笔可观的投资。那时，笔者正在理论上思考生态设计的问题，于是认为，榕江县 100 万元的投资，如果用于以黄牛为主体的畜牧业开发，它的经济效益、生态效益和社会效益会好得多，于是就榕江县国土资源开发提了一条建议。

　　笔者的建议以邻近的独山县为例。独山炼锑厂虽然有相当好的经济效益，但是这是一家有百年历史的冶炼厂，锑矿是多种金属共生矿，它只冶炼出锑，伴生的其他金属以废弃物排放，造成严重的环境污染和生产安全问题。如果榕江建炼锑厂，可能还达不到独山的水平，环境问题难以解决。的确，榕江有 10 万吨级的锑矿藏，这是非常宝贵的资源，它永远是榕江人民的宝贵资产。现在开发难以解决的环境问题，随着科学技术发展，待我们的后代具备更好的能力时，它的综合开发综合利用会产生更好的效益。如果用 100 万元的投资建设一个以黄牛为主的畜牧产业，利用本地良好的草地资源，会有很好的效益。这个以养牛为主的产业是国营的，建设一个养牛场，以利用天然草场为主，再建设若干人工草场，饲养贵州黄牛；建设一个牛动物性食品加工厂，一个皮革和其他副产品的加工厂；同时，老百姓将散养黄牛卖给企业，可增加收入。这是一个既改善县的财政状况，又使百姓走上富裕道路的办法。

　　当然，30 多年前，这个建议是想当然，不能实现的。那时，我国工业化蓬勃发展，发展工业是增加 GDP 的主要途径。而且，工厂化、规模化的动物养殖场，已经有成熟的模式，用 100 万元投资利用天然草场建养牛场，这是有风险的。

　　现在，我们从生态学的视角思考畜牧业发展，回忆这件事，产生下面两点看法。

　　一是未来的畜牧业应着重利用天然生物资源。

像黔东南地区一样有良好的草场和其他生物饲料的地方，我国还有许多；像贵州黄牛一样的良好的家畜家禽品种，我国还有许多。利用天然的生物饲料和我国优良物种，发展我国生态动物养殖业，这是未来畜牧业发展的一个方向。以可持续的方式开发、利用和保护草场和物种资源，这是未来畜牧业发展的自然基础。

二是未来畜牧业应以大家共同富裕为目标。

未来的畜牧业，不是一家一户的事业，而是集体行为，是大家的事业。家庭参与，如我们设想的各家饲养的牛卖给企业，或者如上述甘肃的"联户放牧"，许多牧民一起，大家都是同一产业的参与者和受益者，牧业的发展以共同富裕为根本目标。

（2）动物性食品生产从分化转向综合发展。

农业文明时代，以自然经济的生产方式，一些富裕的家庭既生产肉和蛋，又生产奶，牛和羊、猪、犬、鸡，样样都有。它是小规模的副业，自给自足。这是初级的畜产品综合性生产。工业文明时代，现代科学技术应用于畜牧业，采用工厂化、规模化和市场化的生产方式。许多现代化的大型养殖场，大多只养殖一种动物，生产一种产品，是精密分工和高度分化的。在这里，规模和分工是一种生产力，因而它是高效率和高利润的。但是，这种高度的分化，它的生产工艺是分析的而不是综合的，是线性的而不是循环的，在生产一种产品时，把与这一产品无关的材料，统统作为废物排放到环境中。这不仅是极大的浪费，而且造成环境污染，是不可持续的，转变是必然的。

它转变的一个方向，可能是畜牧业从分化走向综合的发展。我们以西安天菊实业有限公司为例。

1982年，西安户县农民王天孝创办养鸡场，7年后他取得成功。在他的带领和支持下，户县农民几乎家家户户养鸡，20世纪90年代，全国1/4的鸡蛋，以及西安全部出口的鸡蛋都产自户县。

1994年，鸡蛋供大于求，加上饲料价格猛涨等因素，出现养鸡业危机。王天孝从中科院一份材料上看到"雏鸡的生命因子是成年鸡的20

倍"，从此受到启发，一枚受精的鸡蛋在离开母体后，可以创造出完整的小鸡，表明受精的鸡蛋里有生命活动需要的所有营养物质。他开始转向鸡蛋的深加工，开发鸡胚胎产品，但面对鸡胚胎中激素含量高的难题。

2002年，他成立"西安天菊胚胎生物工程研究所"，高薪聘请医学、生物学、营养学专家，开展胚胎生物学研究，在攻克鸡胚胎中激素含量高的难题后；2004年，以"胚优"命名的鸡胚胎开发研究，列入国家科技部星火计划项目（项目编号：2004EA850042；批准文号：国科发计字〔2004〕140号），是国内特有的研发项目。据说，当时国家科技部韩德乾副部长对王天孝说："老王，你了不得呀！你开发的这个产品，领先人类医学史10年。你的路子走对了。这个产品是21世纪医学发展的目标，是预防、保健、治疗三效合一的产品，再困难都要坚持。"

"胚优"研发的星火计划，由西安天菊胚胎生物工程研究所实施。2008年，由鸡胚胎提取各类细胞生长因子的"胚胎细胞原生质——胚优"上市，成为著名的保健食品。

我们认为，这个案例表示生态畜牧业可能发展的3个方向：

1. 未来的畜牧业是生态化的，因而是高效的

"生态化"，指产业遵循自然，即"道法自然"，按照生态规律设计生态结构和运行。天菊公司的生态循环产业链就是这样的。

生产者有机体，天菊公司百亩玉米种植园和百亩优质葡萄种植园。它们使用公司有机肥料厂生产的有机肥，生产玉米和葡萄为公司饲料厂和红酒酿造厂提供原料。

消费者有机体，万只种鸡场、千头猪养殖场、千只北极蓝狐养殖场。鸡、猪和狐狸是公司的主要饲养动物，它们消费饲料厂提供的饲料。

转化者有机体，500立方米的沼气池，种植场和养殖场的全部废弃物，包括养殖场的粪便统统进入沼气池，通过微生物转化为沼气，提供公司的全部能源使用。沼气渣作为种植场的肥料使用，完成一个循环周期。

这个生态循环产业链是仿照生物圈设计的，是生产者、消费者和转化者结构完备的"小生物圈"。它的生产过程，实现全部资源合理利用，是

无废料的生产，因而是高效的。它解决了数十年来争论不休的问题，关于经济发展与环境保护的关系，一种普遍的看法认为，环境保护是要花大钱的，它影响经济发展，先污染后治理，这是必然的。实际上，过去认为应被排放的废物，是有价值的资源，如果不是以净化废物的方法保护环境，而是用再利用的方式实现资源的合理利用，这样的方法是赚钱的。

2. 未来的畜牧业是综合的生产，因而是高产的

现代工业化的动物养殖场，大多只饲养一种动物，生产一种产品。天菊公司不同，它是综合的生产，有第一产业农业的多种生产，玉米和葡萄种植，鸡、猪和狐狸等动物养殖，多种生物产品输出；第二产业工业的多种生产，有机肥料厂，葡萄酒厂，保健品胚优生产厂；第三产业有科学研究和旅游等。它是第一、第二、第三3个产业的统一。

其中，千只北极蓝狐养殖场的设置，是为了利用生产胚优的下脚料，大量小鸡胚胎是狐狸的高蛋白饲料。狐狸养殖产出高档的皮毛和动物性食品，为工业提供原料。这种综合生产既是高产的，又是高效的。

这就像中国茫茫的大草原，有大小不同的牲畜，吃高矮不同的牧草，能够最合理和充分地利用不同资源，保证畜群的繁荣昌盛。畜牧业像其他产业一样，它的综合性发展，有利于最合理和充分地利用不同资源，因而是高产的，又是可持续的。

3. 未来的畜牧业是高科技的，因而是高智的

天菊公司的生态循环产业链，是学习生物圈的智慧，仿照生物圈的能量流动和物质循环转化过程设置的。这是一个高效无废料生产过程。这种生产的设计、运行和管理是高智慧的。牧业产品的深加工，受精鸡蛋—小鸡胚胎—胚优（保健食品）生产链的完成，依靠天菊胚胎生物工程研究所，发挥生命科学等多学科领域的专家的智慧，应用现代科学技术成果，这是高智慧的成就。

中国未来的畜牧业，我们相信中国牧民、中国产业界有能力有智慧走出一条美好的健康发展的道路。

第四章　农业：生态文明的农业生态设计

俗话说："民以食为天。"汉武帝的诏书说："农，天下之大本也，民所恃以生也。"足见生产食品的农业的重要性，人们称它为第一产业。2016 年，中央发布的关于农业发展的第十八个一号文件要求持续夯实现代农业基础，提高农业质量效益和竞争力；加强资源保护和生态修复，推动农业绿色发展；推进农村产业融合，促进农民收入持续较快增长；推动城乡协调发展，提高新农村建设水平；深入推进农村改革，增强农村发展内生动力；加强和改善党对"三农"工作领导。这是我国农业发展的纲领性文件。实施中央一号文件，既要结合当前实际，利用中国优秀的传统农业思想遗产，又要适应时代的性质和需要。

第一节　中国古代有机农业：世界最早的生态农业

人类文明时代是同农业的产生相联系的。马克思把农业称为"本来意义上的文明"。中国是农耕古国，智慧的中国人民创造了光辉灿烂的中华文明，这是世人公认的。

一、中国农民发明和创造了有机农业

"有土斯有人，万物土中生。"中国人把土地作为自己的命根子，历来有热爱土地和保育土地的传统，甚至筑土地庙，专设了管土地的神——

"土地爷"，作为百姓信奉的对象。古代哲学家管仲说："夫民之所生，衣与食也；食之所生，水与土也。"（《管子·禁藏》）又说："地者，万物之本原，诸生之根菀也。"（《管子·水地》）因而他提出"地为政本"的民本主义思想，他说："地者，政之本也。"（《管子·乘马》）依据这种热爱土地重视农业的思想，产生了成书于西汉的《氾胜之书》是现存最早的农学著作，以及中国古代 3 种主要农书：《齐民要术》（北魏，贾思勰）、《农书》（元代，王祯）、《农政全书》（明代，徐光启），指导中国有机农业的产生、发展和繁荣。

有机农业，主要是依据自然条件，利用水、土地和生物资源，开发农业生态系统，生产动物和植物性食品，支持人类生存和发展。据考古资料显示，中国已经有 7000 年的桑蚕养殖史和 6400 年的稻作农业史。中国是有机农业的发源地，已有 5000 多年的历史。

中国农民，遵循"三才之道"的思想，"夫稼，为之者人也，生之者地也，养之者天也"（《吕氏春秋·审时》）。"稼"指农业，它"上因天时，下尽地财，中用人力。是以群生遂长，五谷蕃殖。教民养六畜，以时种树，务修田畴，滋植桑麻，肥硗高下，各因其宜"（《淮南子·主术训》）。依据这样深刻正确的农业思想，形成了完善的中国有机农业生产体系。中国有机农业，历来重视遵循自然，如老子所说"人法地，地法天，天法道，道法自然"，因地制宜，因时制宜，精耕细作，积造和施用有机肥，充分和合理使用土地，采取养用结合，轮作、间作、套作等措施，改良土壤变薄田为良田，肥培土壤保持地力，以及生物除虫和综合防治病虫害等，形成"道法自然"，重视自然循环的有机农业传统。承载中国农业文明史的传统，农业主要采取小农家庭经营的模式。这有利于生产，有利于生态和环境保护，是一种自给自足的生产方式。它具有食品安全、环境维护和社会稳定的良好特性。这种农业以人力、畜力为主要动力，以人粪尿、动物粪便、绿肥等有机肥为主要肥料，采用间作、轮作、套作等方式，充分利用各种环境资源进行农业生产，以保持地力常新，实现农业的可持续发展。

合理利用水利资源是中国有机农业的重大措施。2000多年前，我国秦代兴建都江堰和灵渠水利工程，7世纪隋代兴建京杭大运河工程。这是我国古代水利工程的3个杰出代表，是水利工程技术伟大成就的典范。它使土地和水资源利用长盛不衰，都江堰使用岷江水灌溉成都平原，四川成为非常富庶的"天府之国"；京杭大运河既是沟通中国南北的交通大动脉，又是防洪和灌溉的重要渠道；灵渠作为漕运开发，当时使秦代中国版图扩大近一倍，至今它仍然发挥着航运、灌溉和旅游等的重要作用。它们的确具有典范意义。中国有机农业是世界农业的最高成就，至今仍有巨大的生命力，发挥着巨大的作用。

二、桑基鱼塘和梯田，中国有机农业的伟大创造

中国古代有机农业是最早的生态农业，其中桑基鱼塘和修筑梯田是中国农民的两项伟大创造。

1. 桑基鱼塘是世界上最早的生态农业模式

桑基鱼塘是中国农民创造的一种农业模式。据记载，江苏常熟地区的农民，为了防止水淹农地，总是把低洼的地方填高起来，"基种桑，塘养鱼，桑叶饲蚕，蚕矢饲鱼，两利俱全，十倍禾稼"。基上种桑，塘中养鱼，桑叶用来喂蚕，蚕屎用以饲鱼，而鱼塘中的塘泥又取上来做桑树的肥料；堤外农田种植水稻，通过水塘的排灌，又可做到旱涝保收。由于合理和充分利用土地、水源和阳光资源，通过生命物质循环利用，完善的综合经营而增加收益。因为这种生产方式最充分地利用了阳光、土地和水资源，植物光合作用生产更多的碳水化合物，供养更多动物，拉长生态系统的食物链，有多种多样的产品产出，收益数倍地增长，取得了"两利俱全，十倍禾稼"的经济效益。这种生产方式很快推广到广东和其他南方省区，至今还在使用。

中国农民创造的桑基鱼塘的生产方式，主要特点是增加农业生物链要素，以充分利用水、土和阳光资源，不仅可以养鱼增加收入，同时还消除了内涝的威胁，有利于水稻灌溉，适用于地势低洼、雨水充沛、河道密布、水域资源丰富的地区，因而迅速推广到珠江三角洲等地。

桑基鱼塘是最早的生态农业的生产方式。它具有现代意义。

现代"生态农业"概念，1971年由美国土壤学家威廉·阿尔布雷克特提出，是指不用农药少用化肥，通过增加土壤腐殖质改良土壤条件的农业。它的目标是在环境、伦理和美学方面不产生大的和长远的不可接受的变化的小型农业系统。① 实际上，这就是中国古代有机农业的桑基鱼塘的生产方式。

现代生态农业，是应用生态学原理和系统工程优化方法，以及其他现代科学技术成果规划和组织农业生产。它是农业与生态学结合，主要是应用生态系统整体性，生物物种共生、转化和再生的原理，以及生物与环境适应的生态平衡规律，对农业进行生态设计，以便最合理地利用太阳能、水、土、气象和其他农业资源，生产尽可能多的第一性生产产品（植物）；同时进行最合理的生物链设计，通过动物和微生物的加工，充分有效地利用植物产品，包括秸秆和植物产品加工的废料，进行综合开发利用，使之生产尽可能多的植物和动物产品。学界认为，它是替代广泛和大量使用农药和化肥的现代工业农业的一种新的生产方式。

桑基鱼塘就是这样的生产方式。它作为中国水乡人民在土地利用方面的一种创造，是生态农业的开端。它既能合理利用水利和土地资源，又能合理利用动植物资源，不论在生态上，还是在经济上都取得了很高的效益，赢得了世界注目。联合国大学副校长、国际地理学会秘书长曼斯·哈尔德在参观珠江三角洲的桑基鱼塘以后就曾说过："基塘是一个很独特的水陆资源相互作用的人工生态系统，在世界上是很少有的，这种耕作制度可以容纳大量的劳动力，有效地保护生态环境，世界各国同类型的低洼地区也可以这样做。"

2. 修筑梯田是中国农民保持水土的伟大创造

有机农业以自然的方式开发利用水和土地资源。水和土，是持续农业

---

① 叶谦吉：《生态农业：农业的未来》，重庆出版社1988年版，第6页。

的两大要素。现代农业发展的一个大问题是水土流失的问题，被认为是人类可持续发展的头号问题，全球性环境问题。水土保持，我国古代称为"平治水土"。《尚书·吕刑》有"禹平水土，主名山川，稷降播种，农殖嘉谷"的记载，指大禹的水土保持工作。水土保持措施除了水利工程和植树种草外，修筑梯田也是重要的工程措施。我国是世界上第一个修筑梯田的国家。

在土地利用和管理上，土地因地形地势不同，或在地球的不同纬度与不同的垂直带，有不同的土壤，生长着不同的植物，形成特定的土地和生物结构。一定的土地结构决定相应的植物、动物和微生物的构成，形成特定的生态结构。也就是说，要按土地的自然生态规律，开发利用土地，发展人类经济。我国先民认识到土地利用的这种性质，早在《汉书》中就提出"审其土地之宜"的原则。因为"每州有常，而物有次"（《管子·地员》），按照土地结构的特点开发利用土地，要"因地制宜"，才能做到"地尽其利"和可持续利用。

在土地利用实践中，中国人多地少，山多田少，如何开发山坡地而不致土地被破坏？修筑梯田是中国农民的伟大创造。它是山坡地开发之水土保持的一种最有效的办法。最早，《诗经》中就有记载："瞻彼阪田，有菀其特。"这里"阪"是山坡，"阪田"也就是山坡地梯田。唐宋以后修筑梯田已相当普及，如宋朝方勺《泊宅编》中说："七闽……垦山垄为田，层起如阶级。然每援引溪谷水以灌溉……"在南宋地理学家范成大的著作中，正式出现"梯田"一词，沿用至今。他在袁州（今江西宜春）记述仰山的高山梯田："岭阪上皆禾田，层层而上至顶，名梯田。"（《骖鸾录》）

在 2013 年 6 月 22 日召开的第 37 届世界遗产大会上，红河哈尼梯田文化景观成功列入联合国教科文组织《世界遗产名录》，成为我国第四十五处世界文化遗产。

红河哈尼梯田，又称元阳梯田，位于云南省元阳县的哀牢山南部，是哈尼族人世世代代留下的杰作。元阳哈尼族开垦的梯田随山势地形变化，因地制宜，坡缓地大则开垦大田，坡陡地小则开垦小田，甚至沟边坎下石隙也开田，因而梯田大者有数亩，小者仅有簸箕大，往往一坡就有成千上万亩。

元阳梯田规模宏大，气势磅礴，绵延整个红河南岸的红河、元阳、绿春及金平等县，仅元阳县境内就有将近 1.2 万公顷的梯田，是红河哈尼梯田的核心区。梯田最多级数达 3000 级，这在中外梯田景观中是罕见的。记者描述说，在茫茫森林的掩映中，在漫漫云海的覆盖下，构成了神奇壮丽的景观。奇特的梯田美景，小溪、清泉和瀑布，梯田、山寨和森林，构成独特的田园梦境，一年四季都非常美丽，成为我国重要的旅游景点。1995年，法国人类学家欧也纳博士来元阳参观梯田后，激动不已地称赞："哈尼族的梯田是真正的大地艺术，是真正的大地雕塑。哈尼族就是真正的大地艺术家！"

元阳梯田的主要特点：一是面积大，形状各异的梯田连绵成片，每片面积多达上千亩；二是地势陡，从 15 度的缓坡到 75 度的峭壁，都能看见梯田；三是级数多，最多的地方能在一面坡上开出 3000 级阶梯；四是海拔高，梯田由河谷一直延伸到海拔 2000 多米的山上，可以到达水稻生长的最高极限。

《尚书》记载，早在 2000 多年前的春秋时期，哈尼族先民"和夷"在其所居之"黑水"（今四川省大渡河、雅砻江、安宁河流域）已经开垦梯田，进行水稻耕作。自唐朝初年（1300 多年前）的哈尼族在红河南岸哀牢山区定居下来并开垦大量梯田之后，梯田文化就成为整个哈尼族的灵魂，哈尼族先民倾注了数十代人的精力，发挥了惊人的智慧和勇气垦殖梯田，种植水稻。同时，哈尼族人民发挥了巨大的天才和创造力，在大山上挖筑了成百上千条水沟干渠，已建成骨干沟渠 4653 条，其中灌溉面积达 50 亩以上的有 662 条。条条沟渠如银色的腰带，将座座大山紧紧缠绕，大大小小的沟渠将流下的山水截入沟内，这样就解决了梯田稻作的命脉——水利问题，自流浇灌保证了稻谷的发育生长和丰收。梯田以传统有机农业的方式耕作，生产一种红米，是哈尼族人民种植了 1300 多年的优良水稻品种。

红米矿物质丰富，富含抗癌的红色素，有益于人的身体健康。

　　一片广阔的土地，经过1000多年的开发利用，养育数十代的子民，至今仍然如此美丽，生命如此茂盛，出产如此丰富，未来依然如此。它没有水土流失之患，没有涝、旱之患。这是一个可持续发展的奇迹。哈尼梯田，不仅是美丽的自然景观，也不仅是千年悠久的历史文化，而且是哈尼族人民勇敢、智慧、不屈不挠的创造精神的丰碑，成为中华民族永恒的骄傲和荣耀！

　　这里有科学的"自然—社会—人"复合生态系统结构，每一个村寨下方和村寨的上方，都有茂密的森林，提供着水、用材、薪炭之源，以神圣不可侵犯的山寨神林为特征；森林外是层层相叠的千百级梯田，提供着哈尼族人生存发展的基本条件：粮食；中间的村寨由座座古意盎然的蘑菇房组合而成，形成人们成就和安度人生的居所。这一生态结构被文化生态学家盛赞为"江河—森林—村寨—梯田四度同构的人与自然高度协调的、可持续发展的、良性循环的生态系统"。这就是千百年来哈尼族人民生息繁衍的美丽家园。

　　元阳县共居一山的7个民族，大致说来是按海拔高低分层而居的，海拔144~600米的河坝区，多为傣族居住；600~1000米的峡谷区，多为壮族居住；1000~1400米的下半山区，多为彝族居住；1400~2000米的上半山区，多为哈尼族居住；2000米以上的高山区，多为苗、瑶族居住；汉族多居住在城镇和公路沿线。

　　梯田文化成为整个哈尼族的灵魂。它是哈尼族人民与哀牢山相融相谐、互促互补的天人合一的人类伟大创造，是文化与自然巧妙结合的产物。

　　现在，土壤侵蚀成为威胁人类生态安全头号问题。专家估算，现在非洲、亚洲和南美洲每公顷土地每年损失表土30~40吨，欧洲和美国17吨；全世界每年流失土壤250亿吨（有的报道为750亿吨），其中中国每年流失土壤50亿吨，印度47亿吨（有的报道为66亿吨），美国15亿吨。每年因水土流失造成的损失高达4000亿美元。

陆地植物依赖土壤生存。植物又是把太阳能转变为地球有效能量的转换器。地球上人和所有其他生命都依靠植物生存。土壤侵蚀，土地肥力衰减，是经济不可持续发展的重要因素。美国著名学者布朗指出："对很多国家来说，沙漠扩大和土壤侵蚀比入侵敌军更能威胁国家安全。"控制水土流失，保护土地，这是可持续发展的重要条件。

第二节 工业文明农业的生态评价

现代农业，区别于以家庭为单位，主要用人力、畜力和自然力，自给自足的小型农业，它由现代科学技术推动，建设规模不等的农场，使用各种各样的机械，生产各种各样的农产品，具有工厂化、机械化、自动化、电气化、化学化和商品化等特征。这是高效率的工业文明的农业。

一、现代农业的生态分析

现代农业运用工业化的成果取得了伟大成就。美国农业是现代农业的典范。除了区位因素优越、良好的自然条件、得天独厚的农业资源，就是现代科学技术的应用，促进了工业化的农业以及专业化和集约化的发展。美国农业，从农场选址、土地开发设计到种植品种设计，从土地的平整、疏松土壤和水源开发到使用的种子、化肥和农药的选择都依据科学程序，从农作物的耕作、播种和管理到收割、运输和保存，从农产品生产到加工和销售等实现一体化，都按科学设计的一条龙工序，完全靠大型机械进行和自动化完成。例如，大型拖拉机上都装有 GPS 设备，随时取样分析，什么时候干什么事都按照设计；主要作业由现代化的农业机械完成；在种子公司购买种子，租用飞机播种、施肥和洒药，农业生产非常轻松、非常高效。

据报道，世界农业大国美国的农业产值为 1905.51 亿美元（2012）。仅占总人口 1% 的美国农民，不仅能养活 3 亿多美国人，而且有大量粮食出口，是世界最大的粮食出口国（1/3～2/5 农产品供出口），其中出口的玉米占世界总出口量的 65%，大豆占 67%，棉花占 24%，都为世界第一。2000 年美国农产品出口额为 7087 亿美元，占世界农产品出口总额的 12.7%。

北美、西欧等地的工业化先进国家，随着机器制造的工业化，实现农业工业化和现代化，用比例不大的劳动力和社会生产力，生产足够多的农产品，支持人民现代化的高消费的生活。

但是问题在于，现代高效率农业的伟大成就是以严重的生态损害为代价的。例如，农业发展导致土壤退化，土壤和水系污染，病虫害扩散，农作物单一品种的大面积种植，导致农作物物种多样性减少，对农业的持续性发展提出挑战。

报道说，1982 年的调查资料表明，美国耕地中有 44% 表土受损害，超过了土壤质量要求的水平，以过快的速度流失的土壤总数达 17 亿吨，其中 90% 以上来自不到 1/4 的耕地。近 100 年来，美国中西部地区土壤的有机质已减少了一半，加利福尼亚州的圣华金山谷地区是美国主要的食品和蔬菜出产地，现正处于初期的沙漠化阶段，许多地方天然的地下水库也正在日益耗尽。美国每公顷农田的土壤侵蚀量估计为每年 27 吨，这样严重的土壤侵蚀已造成至少 1/3 表土流失，使农田生产力显著降低。

农业现代化，农业采用化学化生产，化肥、农药及除草剂的用量迅速上升，在农耕区施用的化肥（氮肥）中被微生物利用的只有 30%；不恰当的农药施用还引起农田害虫抗性增强，次要害虫上升为主要害虫，导致病虫施药后的再度猖獗。20 世纪 70 年代，全球用于对付害虫的农药达 12000 多种。此外农药、化肥的大量施用降低农产品的质量，最终出现食品安全的问题，成为影响人类健康的因素。

二、石油农业，工业文明农业的生态评价

现代农业依赖于现代工业的支持，是工业化的农业。它以石油机械和石油原料为主要生产模式，因而又称"石油农业"。

第二次世界大战以后，特别是 20 世纪 50 年代以来，石油农业得到迅

速发展，廉价的石油，以及与石油相关的农业机械、农药、化肥等生产因素相结合，推动农业发展达到一个新阶段——以机械化和化学化为特征的高效农业发展阶段。

以美国为例，1920—1990 年，美国的拖拉机数增加了 18 倍，农用卡车增加了 24 倍，谷物联合收割机增加了 165 倍，玉米收获机增加了 67 倍；1970 年农用化学品的使用量是 1930 年的 11.5 倍；1990 年化肥的使用量为 1946 年的 6.1 倍；农业的投入结构变化，1920 年农业投入中劳动、不动产、资本三者之间的比例为 50∶18∶32，1990 年这一比例变为19∶24∶57。结果是，1930—1990 年，美国的小麦单产提高了 1.45 倍，棉花单产提高了 2.57 倍，土豆单产提高了 3.48 倍，玉米单产提高了 5.12 倍；农产品商品率 1910 年为 70%，1979 年已达到 99.1%。现代农业生产早已不再是为了自己有饭吃，而是为了盈利。

石油农业的生产结构和生产因素变化，提高了农业生产效率，极大地提高了农产品的产量，改变了全球粮食供应紧张的形势，减少了饥饿，对推动社会进步起了重大作用。但是，它具有严重的负面作用：①农业环境污染，食品安全问题不断严峻，水土流失和土壤质量下降，农业生物多样性减少。例如，2013 年 5 月 10 日《欧盟时报》披露：美国野生蜂群超过 90% 已经死亡，80% 的养殖蜜蜂也已死亡，它对农业生产可能造成严重损害。②第一次石油危机对现代农业冲击表明，生产过度依赖石油是有风险的。虽然现在石油价格大幅下跌，但是并没有改变石油、煤炭和天然气即将枯竭的局面。以石油为基础的生产方式最终是不可持续的。

三、转基因农业，工业文明农业的生态思考

现代农业的最新进展是转基因农业的兴起。转基因农业是指利用转基因生物进行农业生产。转基因生物培育，首先需要选定目的基因，即有利于人类的生物基因，运用生物工程技术把它分离出来；然后把它转移到选定的农作物生物体内，通过改变生物基因组构成，培育新的作物品种。优秀特性的目的基因在新的作物中复制、转录和表达，制造出一种新的农作

物，如彩色棉。选择自然的颜色基因——红色、蓝色、黄色或其他颜色的基因，将其移植到普通棉花中，生产出各种颜色的棉花；同时，在名为 BT的细菌中取出基因，它天生具有杀虫素，将其移植到普通棉花中，生产出不用农药的棉花。这种棉花的生产，不使用化肥和农药。用这种棉花织布，无须漂洗、印染，不仅节省了建设印染厂的投资，节省了印染工人的劳动成本，还可以避免漂洗、印染造成的严重的环境污染；而且这种布做的衣服避免了漂洗、印染过程的化学残留物，有利于健康。① 10 多年前，笔者就穿了彩色棉衬衣，穿旧了它的颜色都不掉，这是一种健康的织物。

1. 转基因农业的兴起

1996 年，首例转基因农作物商业化应用，表示转基因农业正式起步。美国首先发展转基因农业，是全球转基因粮食种植的领先者，现在是最大的生物技术作物种植国，种植面积为 6400 万公顷，93% 的玉米、94% 的大豆和 96% 的棉花都是转基因作物。西欧禁止转基因作物种植和转基因产品销售。据报道，全球有 25 个国家批准 24 种转基因作物的商业化种植，巴西转基因作物种植面积为 2140 万公顷；阿根廷，2130 万公顷；印度，840万公顷；加拿大，820 万公顷；巴拉圭，220 万公顷；南非，210 万公顷；中国，370 万公顷。

现在，发展中国家正在对约 200 种转基因农作物进行田间试验，其中在拉丁美洲田间试验的转基因农作物达 152 种，非洲为 33 种，亚洲为 19种。中国的转基因植物有 22 种，其中转基因大豆、马铃薯、烟草、玉米、花生、菠菜、甜椒、小麦等进行了田间试验，转基因棉花已经大规模应用。1997 年，中国引进美国棕色和褐色的彩色棉种子，经中国科学家努力，已经培育出棕、绿、紫、灰、红、橙等颜色的品种，在四川等地种植。1997 年，400 亩彩色棉亩产 60～90 千克，1998 年第一批彩色棉服装上市。1997—2014 年，转基因棉为中国棉农增收 175 亿美元，仅 2014 年的收益就达 13 亿美元。

---

① 余谋昌：《彩色棉：棉纺和服装领域的革命》，《服装科技》，1998 年第 3 期。

1997 年，中国转基因杂交稻培育成功，居 1997 年中国十大科技新闻的首位。1998 年，中国又成功培育出抗除草剂直播稻，这一新品种与除草剂联合使用，极大地提高了农业生产力。

2015 年，转基因作物种植面积持续增加的有 28 个国家，计 1800 万农民种植了 1.81 亿公顷的转基因作物，比 2013 年 27 个国家的 1.75 亿公顷有所增长。1996—2007 年，全球转基因作物累计收益高达 440 亿美元，累计减少杀虫剂使用 35.9 万吨。2008 年，全球共有 55 个国家批准了 24 种转基因作物进入市场销售，市场价值达到 75 亿美元。

2016 年 4 月，国际农业生物技术应用服务组织（ISAAA）报告说，转基因作物的种植面积，从 1986 年的 170 万公顷增加到 2015 年的 1.797 亿公顷。28 个国家的农民，从转基因作物中获益超过 1500 亿美元。ISAAA 披露，美国已经研究出一种转基因三文鱼，并获得了相关批准。这是首个获得批准的可为人类食用的转基因动物。同传统三文鱼相比，这种三文鱼不仅节约饲料，而且生长速度是后者的 1 倍，成熟周期是 18 个月，预计这种转基因三文鱼将在 2018 年上市。[①] 有报道说，美国科学家已育成转基因猪 GENIE，它的奶含有人体 C 蛋白，这是一些急重病人的药物。传统的方法是从大量所献人血中提取。由于提炼这种蛋白的设备昂贵，一套就需投资 2500 万美元，而且它在人血中含量很少以致制造成本太高，因而作为药物使用几乎不大可能。GENIE 大大简化了这些程序，为大量生产 C 蛋白提供了可能，而且可以避免各种病毒感染的危险。

2. 科学界对转基因农作物的疑虑

转基因农作物，因为其优良特性和重大的经济利益而受到欢迎。例如，高抗逆性，抗病虫害、抗除草剂、耐旱、耐寒、抗盐碱；降低农药和化肥的使用。又如，提高农作物的品质和产量。有报道说，一种转基因玉米中，色氨酸含量提高 20%，色氨酸是人体必需氨基酸；转基因油菜籽不

---

① 宗义：《转基因三文鱼两年后将上市与传统三文鱼有何不同？》，《北京晚报》，2016 年 4 月 17 日。

饱和脂肪酸含量明显增加，对心血管有利；转基因牛奶，增加乳铁蛋白、抗病因子含量，而脂肪含量则有所降低。转基因农作物是产出优质、高产和高效产品的新品种，可以帮助人类解决粮食，以及蛋白质、维生素和铁缺乏等问题。

但是，自然界没有转基因生物，它是按人的利益制造出来的。它进入社会物质生产和人类经济、社会、消费生活，会对自然环境和人类健康产生多大的影响？它对"人—社会—自然"系统有多大的风险？科学界有许多疑虑。

（1）转基因生物对环境的影响。作为人工制造的新物种，它有特殊的基因，对现有生物具有竞争性和入侵性，如植入抗虫基因的作物，能够抵抗病虫害袭击，它是不是会成为一种入侵物种，造成生物多样性的损害？地球上的物种和生态平衡是经历千百万年的演化形成的，现在人为地在很短的时间里改变它的遗传特性，改变了基因的生物会不会不受控制地繁殖和传播，从而打破现有的生态平衡？而且科学家指出，改变了遗传特性的生物可能把这种特性传给其他生物（基因自行转移），这样产生基因突变，会不会在这些生物中形成不受欢迎的、对人和其他生命有危险的物种？进一步说，人类又无法控制这样的物种，那么危险性就更大了。

（2）转基因生物对农作物病虫害的影响，是否会产生不良基因环境污染？例如，转基因植物通过花粉进行基因转移，导致非转基因植物受到污染。有报道说，在加拿大，被用作实验的油菜，开始只具抗草甘膦、谷氨酸磷和咪唑啉酮其中一种功能，后来发现了同时具备这三种功能的油菜，这说明三种油菜之间产生了"基因交流"。那么，实验室制造的转基因生物，或者田间的转基因作物是否有可能向环境扩散，成为超级"野草"和"害虫"？也就是说，人类轻而易举地将基因转入了目标作物，制造了新的生物，这种基因会不会轻易地逃逸出去，而产生基因污染呢？

（3）转基因生物对人类健康的影响。转基因生物及其产品作为食品进入市场有风险。大部分转基因作物的基因来自非食用性生物，如病毒、细菌和昆虫的基因，对人体会不会产生某些毒理作用和过敏反应，而对人体健康造成损害？1998 年 5 月 18 日，英国《欧洲人报》在报道基因技术促进绿色革命新潮流的消息时，援引了一位英国分子遗传学家对转基因技术的告诫，他说："我们正面临一场潜在的健康灾难。这场灾难将使疯牛病相形见绌。只要对一种主要作物实施的转基因失败，就能导致一场大规模健康危机的发生。而我们现在谈论的是在出售的每一种转基因粮食作物，其风险甚至连最优秀的科学家也无法预测。"

3. 科学界对转基因农业的争论

鉴于人们对转基因农作物有两大疑虑：一是对人体健康的潜在危害；二是对环境的有害影响。这些疑虑的复杂性和严重性，它的环境风险的滞后性和长期性，使许多人对转基因农业持否定态度。

持肯定态度的人也不少。如 2014 中国农业发展论坛（北京）上，时任中国农业大学校长柯炳生教授认为，开发生物技术是应对农业挑战的一个重要措施。他就转基因问题讲了 5 句话：①转基因这件事非常重要。②用转基因产品安全性如何？不能一概而论，要看转什么基因。③转基因食品的安全性没有问题，经过科学家检验和政府批准上市的转基因食品，是安全的。④美国是转基因食品吃的时间最长、数量最大的国家，从 1996 年到现在，没有发生一例转基因食品的安全事故。⑤科学界对转基因食品的安全性没有争议。

2016 年 5 月，美联社发表美国权威机构美国国家科学、工程和医学学院的报告《转基因食品对人和环境是安全的》。报告说："转基因食品不会带来任何特有的风险，没有证据证明转基因农作物会引发环境问题，随着杀虫剂使用的减少和农作物产量的小幅提高，农民总的来说在受益。"[①] 报告说，就其对人类健康和环境的风险而言，转基因作物与传统作物没有什么区别。报告撰写人之一莱兰·格伦纳说："该研究委员会发现，没有任何可靠的证据证明目前已实现商业化的转基因作物——尤其是大豆、玉米和棉花——在对人类健康构成风险方面与传统育种作物有什么差异。同

① 《美权威机构报告称转基因食品对人和环境是安全的》，《参考消息》，2016 年 5 月 19 日。

时，也没有发现任何确凿的因果证据证明转基因作物会造成环境问题。"①

对转基因农业的肯定和否定，两种看法的争论将会长期存在下去。

4. 转基因农业的生态哲学分析

1990年，荷兰国家动物生物技术委员会认为，生物技术侵犯了动物"完整性"："生物技术干预不仅因为其对动物健康和福利的潜在负面影响，而且还因为改变的遗传物质干预了动物的身份。出于人类的利益，通过基因修饰，动物的属性被有意和特别地改变了。这些基因修饰被描述为侵犯了动物的基因型的完整性。为了评价侵犯完整性的严重性，委员会特别地注意到表现型特征的改变，如动物的行为、外形、独立地维持自身的能力以及对疾病的抵抗力等方面的改变。"② 这是从生物伦理的角度反对生物技术及其应用。

（1）关于生物完整性的讨论。转基因技术反对者认为，它改变动物，以及植物的"完整性"。这是它的伦理问题讨论。

实际上，生命的完整性总是不断改变的。这要从进化的更深层次去理解。地球上生命进化，从生物到人，人的发展，人的进步，人的智慧的完善，这是自然界的展开，是自然界通过人的进化。它的每一步都是改变生命的完整性。

转基因技术是人类最新育种技术，人类历史上第三种育种技术。古代社会第一种育种技术，主要依据经验，从野生动物和植物中选择，通过驯化培育家养禽畜和栽培作物；第二种是现代杂交育种技术，依据孟德尔遗传学理论，通过物种内不同个体杂交，培育优良的物种；第三种转基因技术，应用生物工程技术，将有利于人的生物基因转移到栽培作物中，制造新的物种。肖显静教授生动地比喻说：农业社会的家养禽畜是"自然恋爱"，工业社会的杂交育种是"婚姻介绍"，现代社会的转基因生物是通过转基因技术"制造"完成的。与传统的生物育种技术相比，转基因技术是

---

① 《美专家称对转基因作物还需研究》，《参考消息》，2016年10月3日。
② 肖显静：《转基因技术生物完整性道德拒斥的适当性分析》，全国生态伦理、生态哲学与生态文明学术研讨会，2014年5月23—25日（北京）。

新颖的、创造的和不确定的，具有更强的目的性。①

人类育种的每一个阶段，无论是动植物的驯养，通过杂交产生新的物种，还是运用生物工程技术制造新的物种，都是在改变动物和植物的完整性。这需要从人文化的层次来理解。

文化是人类的生存方式。这是人与动物的本质区别。动物以适应环境的方式生存，从自然界现成地取得生存资料。人以适应和使之适应环境的方式生存。所谓"使之适应"，是改变环境使之适应人的需要。这就是文化。

中国古代哲学家庄子说："牛马四足是谓天，落马首穿牛鼻是谓人。"（《庄子·秋水》）在他看来，牛马有四足，这就是天；羁勒马头穿引牛鼻，使用马牛为人拉车耕地，这就是人。野生的牛马及其他动物，比被驯养的牛马及其他动物完整，它们自由自在地生活在大自然的原野上，大自然为它们提供了生存条件。在这里，人类驯服野生动物，"穿牛鼻""落马首"，通过劳动把牛马（自然）变为文化，使自然事物为人所用。但是，它们被驯养以后，要依靠人类饲养，供人类役使，受人类主宰和支配，为人类的利益服务，已经失去它们在野生状态下的完整性。家牛没有鹿完整，家养长毛狗没有狼完整，野马比家养的马完整。

庄子在《养生主》篇说："泽雉十步一啄，百步一饮，不蕲畜乎樊中。神虽王，不善也。"在他看来，生活在自然中的野鸡，走十步才找到一口食，走百步才找到一口水，尽管如此，它也不愿意被圈养在笼子里，因为野鸡珍视的是自由而不是富贵。野鸡在野外，虽然有饥渴之忧，但能保持它的天性，自由自在地生活。笼子里的野鸡，虽然吃喝不愁，却成了人类的牺牲品，丧失了比吃喝更宝贵的东西，失去了自己的完整性。

任何事物都以维护自己的完整性而生存，但通过改变完整性而实现进化。任何文化以维护自己的完整性而生存，但通过改变完整性而发展。

_____

① 肖显静：《转基因技术本质特征的哲学分析——基于不同生物育种方式的比较研究》，《自然辩证法通讯》，2012 年第 5 期。

（2）加强转基因技术的研究和监管。2016年中央一号文件指出，"要加强农业转基因技术研发和监管，在确保安全的基础上慎重推广"。我们理解，转基因技术是人类重要的科学技术成果，作为一种高科技，是当今育种技术制高点。美国麻省理工学院《技术评论》杂志发布《可能改变世界的十项年度创新》。2016年的十项技术创新名单的第二项为"精确编辑植物基因"。这是一种名叫"成簇的规律间隔的短回文重复序列"（CRISPR）的基因编辑新方法，为修复作物基因，从而提高食品产量和作物抗旱抗病能力提供了精确的方式。研究显示，植物基因组可以在不丢失外源DNA的情况下进行编辑，从而避开转基因生物的现行监管规定。这一创新可提高农业生产率，为世界日益增长的人口提供食物。[①]

农业转基因技术的运用对人类有巨大的利益，是国家、社会和人民的需要。这是任何力量都无法阻止的，因而要"加强研发"。但是，它的应用可能潜在环境风险、生态风险和人体健康风险，以及这些风险具有复杂性、不确定性和滞后性，因而其研究、开发和应用需要非常"慎重"，需要加强"监管"。

2016年4月，中国农业部科技教育司司长廖西元在有关农业转基因的新闻发布会上表示，我国将推进转基因作物的产业化，"十三五"期间将加强棉花、玉米品种研发力度，推进新型转基因抗虫棉、抗虫玉米等重大产品的产业化进程。美国媒体认为："此举可能影响中国新经济作物的种植计划，还可能造成全球农业贸易的大规模改变。"[②]

我们认为，转基因技术的研究、开发和应用，需要制定一定的道德规范。笔者曾在《转基因道德》一文中说，转基因研究要在完备的正规实验室，由负责任的科学家进行，以避免有害基因突变的生物释放到环境中；转基因作物的种植，转基因动物的饲养和开发，转基因产品投放市场，都要经过严格的对人体健康无害和对自然环境无害的试验，以把它的健康风

---

① 《美媒评出可能改变世界的十项年度创新》，《参考消息》，2016年4月23日。
② 《外媒关注中国推进转基因作物产业化》，《参考消息》，2016年4月16日。

险降到最低限度。这是对转基因技术开发的道德要求。为了它的健康发展和繁荣，为了它的科学和合理的应用，避免它的负价值的开发，制定一定的道德规范以指导人类行为，这是非常必要的。主要的道德规范是：①用基因技术增进人类利益，提高人类生活质量。这是人类的利益原则。②用基因技术增进生命和自然界的利益，促进生命进化。这是生命和自然界的利益原则。③注意到基因技术应用的可能的负面影响，避免它对人、生命和自然界造成危害。这是避害的原则。实施这样的道德规范，我们反对把基因技术用来作为谋取个人私利的工具，反对损害他人和损害自然的应用，防止它向异化的方向发展。①

第三节 农业生产的生态设计，创造现代新农业

中国是农耕古国，有长期农业社会的历史。改革开放30多年来，中国工业化迅速发展，推动农业现代化，中国农业取得重要成就。特别是大规模机械化耕作，大量使用化肥、农药，转基因作物种植，使得中国快速实现从有机农业向化学农业、石油农业和转基因农业的转变，大大提高了农业生产效率，增加了农业产值和产量。同时，世界现代农业带来的所有问题，如土壤流失、耕地质量下降、土地污染和食品安全等等，在中国农业出现和积累，对农业发展提出了严峻挑战，要求农业生产转向，从工业农业走向生态农业发展，建设中国新农业。

一、中国农业的问题和出路

1995年，美国著名学者莱斯特·布朗在美国《国际先驱论坛报》发表长篇连载文章，提出"谁来养活中国人？"这样沉重的问题。意思是说，要世界最大粮食出口国美国养活中国人。2003年12月24日，布朗又在美国《华盛顿邮报》发表文章说，中国粮食问题必须"求助于美国"。但是，

---

① 余谋昌：《高科技挑战道德》，天津科学技术出版社2000年版，第119页。

中国是世界上人口最多的国家，没有任何国家包括美国能养得起。而且，粮食安全涉及国家和人民的根本利益，不能寄托于其他国家，更不能寄托于美国。中国农民靠1亿多公顷耕地，连年增产，每年生产5亿多吨粮食，基本上保证了粮食供给。这是中国农业的伟大成就。

中国农业生态问题

中国农业要养活中国人，不仅要养活现在的中国人，而且要养活其子孙后代。也就是说，中国农业，第一，要生产足够多的粮食和动物蛋白；第二，要保护农业资源，特别是水土资源。现在这两方面都面临严峻的挑战。

柯炳生教授在中国农业发展论坛（北京）上报告说，我国粮食进口达1400多万吨，其中小麦400多万吨，玉米300多万吨，大米200多万吨，尤其是大米和玉米，改变了长期以来的净出口态势；大豆进口6338万吨，食用油进口1000多万吨，棉花进口450万吨。2014年农产品逆差为510亿美元。而且，更根本的是农业资源保护问题，保护好中国农业生态和环境，中国农民才有能力和智慧养活中国人。

我国农业资源面临的挑战。20世纪，中国每年流失土壤50亿吨，同时有土地退化、盐碱化、质量下降等问题。随着中国快速工业化，以及农业工业化，农业环境受到冲击，如耕地非农业的占用，每年减少耕地面积五六百万亩；土壤污染，如受重金属污染的耕地面积已达2000万公顷，占全国耕地面积的1/6，土壤污染已经成为中国农业的头号环境问题。

中国重金属污染，如镉、铅、汞等污染事件呈高发趋势。报道说，我国受重金属污染的耕地占全国耕地面积的10%，防治形势十分严峻，并且还呈不断加剧的趋势。

首次全国土壤污染状况调查从2005年开始至2013年结束，历时9年。环境保护部和国土资源部联合发布的调查结果显示，全国土壤环境状况总体不容乐观，部分地区土壤污染较重，耕地土壤环境质量堪忧，工矿业废弃地土壤环境问题突出。从数据上看，全国土壤总的点位超标率为16.1%。究竟多少土地受到污染，有不同的数据版本，有的报道说，全国受污染的土壤面积占耕地面积的20%，农田修复资金需要50万亿元；有的报道说，全国受污染的土壤面积占耕地面积的 10%；有的报道说，全国耕种土地面积的 10% 以上已受重金属污染，约有 1000 万公顷，每年全国因重金属污染的粮食 1200 万吨，造成直接经济损失超过 200 亿元。从污染分布情况看，南方土壤污染重于北方。长江三角洲、珠江三角洲、东北老工业基地等区域污染问题较为突出。土壤污染，首害是重金属污染，西南、中南地区土壤重金属超标范围较大，主要污染物为镉、汞、砷、铅等对人体有害的重金属；其次是化肥和农药污染，有报道说，中国耕地不足世界的 10%，却使用了全世界 1/3 的化肥，有 1600 万公顷耕地受到农药污染。

土壤污染问题的严重性还在于，一是它不同于空气和水体有较大的流动性，雾霾可能被一阵大风刮跑，但土壤污染一旦形成，它对土壤的损害是长期的，修复需要很大的财力和很长的时间；二是它直接与食品安全问题密切相关，土壤污染以及污染物在农产品和畜产品中积累，通过食物链进入人体，这是农产品不安全的源头。许多严重的重金属污染事件，如"浏阳镉污染事件"（湖南，2004），"癌症村事件"（河南沈丘、安徽蒙城、安徽灵璧、广东韶关、江西德兴、山东汶上，2000—2006）等，都是由于土壤污染和水污染引起的。

解决问题的途径是，创造中国新农业。首先和最重要的问题是，农业生态和环境保护。它主要通过转变农业生产方式和科学技术创新实现。

二、中国新农业，一、二、三产业融合发展的道路

中国新农业是生态农业。所谓生态农业，遵循生态学整体性观点，应用生态规律，主要是生态学物种共生、生命物质循环、能量转化和再生规律，系统工程优化方法，以其他现代科学技术成果，结合不同地区地理环境，设计不同的物质和能量多层次利用的农业生产系统。这是把大自然的法则应用于农业生产，主要特点是拉长食物链（生产链），实现投入的物质和能量的多层次、分级利用，使生产过程有多种产品产出，既不对自然环境造成损害，又有较高的经济利益。

1. 新农业是"三产"统一发展的农业

农业文明的农业以家庭经营为主，种植谷物，少量家畜家禽饲养，少量家庭手工业，是一种自给自足的小型经济。工业文明的农业以大农场为主，实行单一作物大面积种植，机械化、自动化和化学化，是一种大规模的商品化经济。农业称为"一产"，只生产谷物、油料、棉花和肉、奶、蛋等动物性食物。

2016 年中央一号文件指出，中国农业，以一、二、三产业融合发展为统领，认真组织实施农产品加工业振兴工程，在初加工、精深加工技术集成、副产物综合利用、主食加工、质量品牌提升、加工园区建设、主产区加工业等领域重点突破；在文化遗产保护、培育特色品牌、实施休闲农业提升工程等方面重点突破，实施农民创业创新服务工程。例如，目前我国 8 亿多吨秸秆没有利用，5.8 亿多吨加工副产物的 60% 没有得到高值化利用，大量加工企业的副产物有待循环、增值和梯次利用；农产品初加工、精深加工和综合利用不断推进，政策扶持等支撑体系稳步构建，推进农村一、二、三产业融合发展，增加农民收入，通过延长农业产业链，提高农业附加值。文件指出，立足于资源优势，以市场需求为导向，大力发展特色种养业、农产品加工业、农村服务业，扶持发展一村一品、一乡（县）一业，壮大县域经济，带动农民就业致富，积极开发农业多种功能，挖掘乡村生态休闲、旅游观光、文化教育的价值，加大对乡村旅游休闲基础设施建设的投入，扶持建设一批具有历史、地域、民族特点的特色景观旅游村镇，打造形式多样、特色鲜明的乡村旅游休闲产品，一、二、三产业融合不断向深层发展。

2. "三产联动"，以安吉竹业为例

安吉是一个浙江山区农业县，曾经是一个贫困县。2001 年提出"生态立县"计划，2006 年成为全国第一个"生态县"，创造了生态文明的"安吉模式"。安吉农业是"三产联动"的。我们以"安吉竹业"为例。

安吉是著名的竹乡，被称为"中国竹海"，是著名的风景区。竹是光合作用效率最高，因而生长最快的植物。它 3～5 年成材，比速生林还快得多，可以一次造林成功，砍了再长不断自我更新永续利用。

传统竹业属于农业，仅利用原竹生产简单生活用品。"安吉竹业"，利用竹作为多年生禾本科植物，生长成材快，木质化强度高、硬度大、韧性好、可塑性强等特性，利用现代高科技，生产性能良好的工程结构材料，制造各种各样的建材、家具和生活用品。例如，生产竹键盘、竹鼠标，一根几元钱的毛竹可制造4个电脑键盘，产值达920元。我们在（浙江永裕竹业公司）安吉孝丰竹产业开发区看到，全竹办公用品非常美观非常舒适，桌椅光洁度和美观度高于木材制品，它的各种物理性能相当于高档硬木，强度比高档红木高3倍，的确令人叹为观止。一根15元钱的毛竹，深度加工后产值达60多元。安吉人以全国1%的立竹量，创造了全国20%的竹业产值，只是竹产业一项就为安吉县创造100多亿元的年产值。这是安吉竹业奇观。

（1）安吉竹业，"全竹利用"没有污染的产业。

同工业文明产业的高投入、高消耗、高污染、低产出不同，安吉竹业是低投入、低消耗、高产出的产业。一根毛竹，实现从竹竿、竹叶、竹根甚至竹粉末的全竹利用，例如竹竿制造高级家具、地板、凉席，甚至键盘和鼠标等高级产品；竹根做根雕工艺品；竹梢和竹鞭做工艺品；从竹叶提取生物保健药品，如竹叶黄酮中间体、竹叶抗氧化剂、竹啤酒和竹饮料、竹食品和竹笋加工；竹业中的废料如竹屑、竹粉、竹节等，加工成竹地板的原料和竹炭系列产品；开发竹纤维制品和纺织品，如衣服、毛巾、床单、被罩、袜子等，不仅柔软舒适手感很好，而且非常美丽可人。安吉竹业成为制造业的重要部门。

安吉竹业"全竹利用"，使毛竹利用率达到100%，这是工业文明的生产不可能做到的。

（2）安吉竹业，一、二、三产业结合的生态文明产业。

培育竹林产出毛竹，被称为第一产业；全竹利用，成为制造业的第二产业；这些需要社会、经济和文化，特别是科学技术的发展和支持，而且，它生产出美丽的风景和丰富的文化，依托竹子博览园和"中国大竹海"等景区，发展旅游业，兴办"竹海人家"之类的农家乐，现在全县有1000 多家农家乐，吸引了国内外游客，2009 年安吉就接待游客 544 万人次，旅游收入 22 亿元。这样，竹业又是第三产业。

也就是说，安吉竹业是一、二、三产业联动，相互联系、相互支持、相互促进共同繁荣成为一个有机整体。它有的在一个家庭完成，有的是好些家庭联成的集体，有的是国家企业。这是新形式的"安吉竹业"。它是高效益的，全县竹业年产值达 115 亿元（2009），一种产业就为全县每人增收 6500 元。

安吉竹业，用新产品供给社会需要，远销到世界许多国家和地区，发展了县域经济；增加人民收入，富裕了人民的生活；满山毛竹良性生产，不仅极大地改善了当地的环境，而且孕育了崭新的竹文化。因而，它是推动安吉经济—政治—文化—自然协调发展的生态文明的生态产业。

三、中国新农业，科技创新的农业

中国生态文明的新农业，由科技创新实现。

首先，创造既结合中国实际，又符合时代潮流的农业组织形式和农业发展模式，以最有利的形式调动广大农民的积极性和创造力。同时，以可持续的方式开发、利用和保护我国农业资源。

农业科技创新，运用科学技术创造农作物新品种。如袁隆平杂交水稻，运用远缘杂交技术，创造水稻亩产 1000 千克以上的伟大成就。1961年夏天，他发现一株天然杂交水稻；1970 年，在海南发现名为"野败"的野生水稻；1974 年，用一种远缘的野生稻与栽培稻进行杂交，育成"南优2 号"，创造亩产超 511 千克的新纪录；1975 年，政府出资 150 万元人民币支持杂交水稻推广；1981 年，袁隆平获中国第一个特等发明奖；1982 年，被国际同行誉为"杂交水稻之父"；2001 年，袁隆平获首届"国家最高科学技术奖"。现在，亩产超过 1000 千克的优良杂交水稻已经被广泛种植。这是大家熟知的。

杂交玉米是又一个谷物新种。2015 年 9 月 24 日，《中国之声》报道，中国农业科学家李登海创造"紧凑型杂交玉米"。经过几十年研究，他发现，紧凑、密植品种是增产突破口，在试验了 2000 多个杂交组合后，李登海终于在 1979 年创造"16 号超级玉米——掖单 2 号"，亩产 776.6 千克，这是我国夏玉米单产纪录。又用了 10 年，1989 年 10 月，李登海创造"掖单 13 号"，实现亩产 1096.29 千克，这是玉米亩产的世界纪录。他被誉为"中国紧凑型杂交玉米之父"。现在他誓言"再度创新，突破 1400 千克"，创造新的纪录。

"海稻 86"育种成功。据报道，2014 年 4 月，农业部受理"海稻 86"品种权的申请，9 月 1 日，该品种正式在农业部《农业植物新品种保护公报》发布，公告号为：CNA011782E。水稻专家认定，它是"特异的水稻种质资源"，独特的水稻新品种繁育成功，是新的水稻品种的创造。它的株高达到 1.8～2.3 米，有独特的"身高基因"，以及有抗涝、抗盐碱、抗虫害、抗倒伏等独特的有利基因。它的育种成功，与人类当前面临的两个世界性难题相关：一是全球有 8 亿人口挨饿，中国虽然有大量人口脱贫，但是粮食安全一直是一个大问题。这是一个世界性难题。二是土地盐碱化问题。过去，人类运用科学技术过度开发土地，有许多美丽的土地变为寸草不生的盐碱地。土地盐碱化有扩大的趋势。这是又一个世界性难题。

我国盐碱地总面积约 15 亿亩。这是一个什么概念？差不多等于我国耕地面积保护红线 18 亿亩。15 亿亩盐碱地若都能种上水稻或其他谷物，按亩产 300 斤算，每年能收成 4500 亿斤粮食，相当于 2013 年全国粮食产量的 37%；此外，有广阔的沿海滩涂，若都能种上水稻或其他谷物，可以一举解决我国粮食安全和部分生态安全两大难题。

利用海水资源，把沿海滩涂作为农作物种植的资源，虽然有过许多探索，但是至今没有取得突破性的进展。"海稻 86"育种成功是一个伟大的创举。"海稻 86"种植试验证明，在重度盐碱地和沿海滩涂种植海水稻，无须使用化肥和农药，如果全世界 143 亿亩盐碱地都能种上海水稻，对于现在世界上的 8 亿饥饿人口，无疑是重大的福音。大家有饭吃，具有伟大的世界意义。

　　党的十八届五中全会做出促进科学技术创新，加大对农业科学技术创新的支持的决定，期望中国生态文明的新农业取得突破性进展，造福中国和世界人民，促进人与自然和谐发展。

第五章　工业：工业生产的生态设计

工业是以机器制造业为主的产业。如果说，第一产业农业生产粮食和棉花，解决人类生存的问题；那么，第二产业工业生产各种各样的机器，制造各种各样的产品，不仅解决人类生存的问题，而且解决人类享受和发展的问题。18世纪英国工业革命，推动和实现世界工业化。它创造的经济和文化财富，以及它对世界进程的影响，超过以往的数百万年人类创造的财富的总和。它使人类成为一种地质力量，推动地球变化的地质力量，使地球进入"人类世界"的地质新时代。

第一节　世界工业化的生态学思考

18世纪，英国工业革命推动世界工业化，从瓦特蒸汽机和珍妮纺纱机开始，以煤炭和石油等做动力为特征，现代科学技术广泛应用于物质生产，社会物质生产机械化、自动化和电气化，人类进入工业文明新时代。

一、世界工业化创造人类文明新时代

世界工业生产发展，运用科学技术的伟大力量发展社会生产力，运用于现代化的社会物质生产，大举向自然进攻，向自然索取，创造了巨大的物质和精神财富，创造了社会的繁荣和富足的现代生活，创造了人类文明新时代——工业文明时代。

马克思和恩格斯在《共产党宣言》中，对工业文明运用科学技术取得

的伟大成就给予高度评价："资产阶级在它的不到一百年的阶级统治中所创造的生产力，比过去一切世代创造的全部生产力还要多，还要大。自然力的征服，机器的采用，化学在工业和农业中的应用，轮船的行驶，铁路的通行，电报的使用，整个整个大陆的开垦，河川的通航，仿佛用法术从地下呼唤出来的大量人口，——过去哪一个世纪料想到在社会劳动里蕴藏有这样的生产力呢？"① 此后 100 多年来，现代科学技术推动的工业文明建设迅速发展，它创造的生产力比那时又不知还要多、还要大多少倍。我们可以用数字来表示：

（1）20 世纪人口从 17 亿增至 2013 年的 70.57 亿。

（2）20 世纪，粮食产量增加 4 倍，工业生产增长 100 倍，能源消耗增长超过 100 倍；每年消耗 100 多亿吨标准煤；现在全世界年国民生产总值达 71.7 万亿美元。

（3）20 世纪科学技术进步。量子论、相对论的提出，生物遗传工程的发现；系统论、控制论和信息论，以及耗散结构理论、混沌理论和协同学的建立，人类对宏观世界、微观世界和自身的认识都有了飞跃性发展。

（4）通信技术。无线电发明（1903），激光（1960），通信卫星发射（1962），光纤电缆开发（1970），电子计算机在通信中应用（1971），因特网（1990），人们可以随时方便地得到世界各地的方方面面的信息；每秒运算 33.86 千万亿次超级计算机"天河二号"（2013，中国），每秒运算 10 万亿次超级计算机"曙光 4000A"在上海正式启动（2014，中国）；量子科学实验卫星发射（2016，中国）和量子通信干线实施验证（2014，中国）。

（5）航空技术。飞机发明并用于空中交通（1903），超音速飞机研制成功（1947），宽体双倍音速飞机，满载乘客当天可以到达世界各个地区。

（6）航天技术。人造卫星发射（1957），人类进入太空（1961）和登上月球（1969），航天飞机飞行（1981），人类进入太空时代，"好奇号"火星探测器登陆火星（2012），航天技术促进遥感技术、信息技术和其他

---

① 《马克思恩格斯选集》第一卷，人民出版社 1995 年版，第 277 页。

高科技的开发利用。

（7）电子技术。晶体管开发（1848），集成电路板（1960）和微芯片（1975）开发；计算机技术，电子数字计算机（1946）和通用自动计算机（1951）开发，个人电子计算机（1971）广泛应用，人类进入微电子时代，3D 打印、4D 打印（2004），将改变人类的技术形式。

（8）生物技术。遗传物质发现（1944），DNA 双螺旋结构发现（1953），遗传密码揭示（1954），基因合成、DNA 重组的实现（1970），基因工程技术的发明和应用（1973），克隆羊多利问世（1997），人类基因组排序（2000）。

（9）新能源技术。核反应堆的建立（1942），受控裂变反应堆（1954），它们应用于核电站建设；核聚变研究取得进展（2014）；太阳能电站开发利用，新型太阳能电池成本降低 25%（2014），为人类提供大量干净能源。

（10）新材料技术。塑料（1909），尼龙（1931），人造金刚石（1953），高温超导材料（1987）；机器人技术和各种高新技术在工业生产中的应用，使工业生产线从自动化向智能化发展。

二、世界工业化带来的全球性生态危机和"钢铁坟墓"

世界工业化取得伟大成就，但是也付出了巨大的代价。20 世纪中叶，以环境污染、生态破坏和资源短缺表现的生态危机成为全球性问题，它以"八大公害事件"展示，震惊了世界，并导致一场轰轰烈烈的环境保护运动。

40 多年来，虽然人类为应对挑战做出了巨大努力，但是至今仍然没有扭转生态危机继续恶化的局面。2014 年 9 月，世界自然保护基金会发布《2014 年生命行星报告》说，地球超载已经拉响了警报："根据全球生态足迹网络测算，人类只用了 8 个月就花光了 2014 年的全年生态足迹'预算'。8 月 19 日是今年（2014）的地球生态超载日，即人类对地球自然资源的消耗超出地球的承载力的时间点。相比 2000 年的 10 月 1 日，今年地球超载日大幅提前。这一指数旨在测算人类'蚕食地球'的速度。"这是全球生态危机的新的表述。

世界工业化的发展，依据人统治自然的哲学，遵循还原论分析思维——线性非循环思维，在取得伟大成就的同时，不仅产生了全球性环境污染和全球性资源短缺，而且制造了巨大的"钢铁坟墓"。

科学家把堆积如山的废弃金属称为"钢铁坟墓"。据报道，现在地球上已堆积的废旧物资以万亿吨计，每年新增100多亿吨，发达国家的废弃金属蓄积量超过1000万亿吨，其中大部分处于闲置和报废状态。这些报废设备和废弃的金属，因为没有被再利用而长期搁置，就像"死"了一样，因而被称为"钢铁坟墓"。这是一种世界性的现象。

按照世界事物新陈代谢的规律，有多少新就有多少旧。"城市矿山"的产生是必然的。物质不灭定律说，世界上物质不灭，它可能会发生性质和存在形式的变化，或者空间位置的变化，可能从一种存在形式变为另一种存在形式，或者从一个地方转移到另一个地方，但是它不会消灭。这是客观规律。

依据生态哲学价值论，世界上所有物质，包括被称为废物的"钢铁坟墓"都是有价值的，通过再生利用，它是比地下矿产更具开发价值的"富矿"，因而说它是"城市矿山"。

三、"资源再生"将超越现代工业化

现代工业制造了"钢铁坟墓"。生态工业认为它是"城市矿山"。因为生态工业，依据生态学原理，运用生态规律、经济规律和系统工程优化方法，设计物质和能量多层次利用或循环利用的新的工业生产方式。工业文明的工业生产，"钢铁坟墓"将变为重要资源。这里，我们以"城市矿山"的开发为例，说说生态工业对现代工业的超越。

例如，从1吨废旧手机中可以提炼400克黄金、2300克银、172克铜；从1吨废旧个人电脑中可提炼出300克黄金、1000克银、150克铜和近2000克稀有金属等。相比之下，天然矿山虽然由于金矿品位不同，从每吨

矿石中提炼出黄金的数量有多有少，但通常情况下，开采 1 吨金沙仅能提炼出 5 克黄金。因此，就有人把"城市矿山"看成是高品位高纯度优良矿山。也就是说，"城市矿山"是可回收金属的仓库。依据这种理论，所有围城的垃圾，所有"钢铁坟墓"，它们都是有价值的，是可以再生利用的。

日本东北大学选矿精炼研究所教授南条道夫最早提出"城市矿山"概念。他指出，城市里积累的电子电器、机电设备产品和废料中的可回收金属是"城市矿山"。据统计，日本国内黄金的可回收量为 6800 吨，占现有总储量 4.2 万吨的 16%，超过世界黄金储量最多的南非；银的可回收量达 6000 吨，占全世界总储量的 23%，超过储量世界第一的波兰；稀有金属铟是制造液晶显示器和发光二极管的原料，目前面临资源枯竭，日本储铟量 1700 吨，约占全球天然储量的 38%，居世界首位；铅 560 万吨，储量排名第一；锂、钯的储量分别为 15 万吨、2500 吨，储量排名分别为第六、第三位。日本虽然是一个资源贫困国，但在工业发展中它大量使用世界金属资源，现在大部分积蓄在产品或废弃物中。这种积蓄的数量是巨大的，已经成为"城市矿山"。它比真正的矿山更具价值。①

日本是工业化发达国家，是利用世界资源先发展起来的，现在它堆积世界性的金属废弃物，成为"城市矿山"富矿区。从"资源再生"的角度，日本可以从资源贫乏的国家变为资源丰富的大国，这是可以理解的。

如果按照工业文明的生产方式，必须用铁矿砂炼钢，制造工业产品，产生"垃圾围城"和"钢铁坟墓"，那是必然的。如果换位思考，世界上堆积了数千万亿吨废弃的钢铁，主要在发达国家。它的闲置占用大片土地或丢弃于海洋，污染了环境，成为一个大难题。但是，所有在这些"坟墓"中长眠的"死者"都是有价值的。它们是可以回收利用的，但是由于那里劳动力昂贵，拆解回收是不经济的，难题只好放在那里。我们有丰富和廉价的劳动力，如果改用进口废旧钢铁炼钢，是不是可以改变局面？

现在全球可工业化开采的地下矿产资源绝大部分已经开采完毕，它们

---

① 冯之浚等：《低碳经济的若干思考》，《中国软科学》，2009 年第 12 期。

从地下转移到地上，是以废旧物资的形态堆积在地球表面，成为一座座废物"坟墓"。如果仍然遵循线性非循环思维，它们在生产中完成使命后，作为废弃物只好永远待在"坟墓"里。这是没有办法的。但是按照另一种思维，它是"城市矿山"，是有开发利用价值的，开发"城市矿山"是未来资源开发利用的主要途径。这是矿产价值观的转变，矿产资源利用思维方式的转变，将促使资源战略的转变，一种新的资源开发利用模式的产生，真正走上它的可持续发展的道路。为此，我们需要生态学的思考。

1. 案例："汽车坟墓"和"汽车文化"的新生

我们以"汽车文化"为例。汽车产业是钢铁、石油、橡胶和各种电子产品最大规模利用的产业，又是推动经济—社会发展最重要的产业。许多国家把它列为支柱产业。这种发展催生一种"汽车文化"。这具有必然性。也就是说，工业发展的一定阶段，其一，汽车制造作为经济发展的支柱产业，它推动钢铁工业、机器制造、石油化工、自动化和电子信息事业发展，以及推动高速公路等基础设施建设，成为推动经济增长的支柱；其二，满足人们方便快捷出行，希望拥有私家车的需求，巨大消费又推动汽车制造业的发展。出现一种"汽车文化"，这是必然的。"二战"后，美国最早实现每人拥有一辆汽车，形成全球最完善的"汽车文化"社会。

2003年，我国工业化发展进入高速期，成为世界第四汽车生产国和第三消费国，报道说"汽车带来巨大商机"。1998年，为了申办北京奥运会，北京提出"北京的经济发展以汽车为支柱产业，以汽车生产带动北京的经济腾飞"。笔者的《生态安全》一书，从"大气安全"的角度对此提出疑问：北京现在有必要以汽车为中心产业吗？第一，汽车产业是严重污染环境的产业。第二，汽车作为主要的交通工具，造成严重的空气污染，使城市大气从"工业—燃煤型"变为"汽车尾气型"，它会带来难以解决的大气安全问题。北京的环境承载能力能支持越来越严重的汽车尾气的污染吗？第三，出现越来越严重的交通堵塞现象。

文章提出："北京能够以汽车来解决交通问题吗？北京现在有 210 万辆汽车，交通堵塞已经是有车族感到十分头痛的问题，有没有别的办法，如发展轨道交通作为主要的交通工具，解决公众出行的问题？或者，堵车的问题可以通过建设更多和更好的道路系统，以及更科学的交通管理与管制加以解决。但是，汽车产业是资源高消耗的产业，它的运行需以汽油为动力，美国的经济发展以汽车为中心产业，现在平均一人有一辆汽车，耗费美国全部燃油的一半，成为最主要的污染源。这被美国科学院院士、化工学会主席丹那奥斯廷评价为：'美国经济被绑在汽车轮子和石油的基础上，已经没有希望了。'① 我们有必要学习美国吗？我国有这样的资源承载能力吗？"②

以汽车为中心产业，依托汽车产业推动经济发展，这是一种惯性思维的表现。用工业文明的思维，必须按发达国家的经验，并以工业文明的做法，发展汽车产业，并以汽车消费推动经济发展，即使"汽车文化"已经过时，也仍然必须这样做。现在，北京已经拥有 500 多万辆汽车，正在形成像美国一样的"汽车文化"。它推动了北京的经济发展，但是也带来能源、空气污染、交通堵塞等种种问题。

关于汽车需要新思维。对"汽车坟墓"的辩证思考表明，发达国家的汽车由于大修成本过高，平均行驶 8 万公里便报废，迅速出现"汽车坟墓"是必然的。虽然我国的汽车经过"劳动密集"的维修和翻新，平均可行驶 50 万公里，但是它们也最终报废，而正在形成中国的"汽车坟墓"，它们已经在许多地方出现。

也就是说，"汽车文化"和随后的"汽车坟墓"，它以不以人的意志为转移的方式出现了。我们必须承认和接受，因为这已经是一种现实。如何处理"汽车文化"的不良后果，如何处理"汽车坟墓"？按照线性非循环思维，汽车已经完成使命报废了，只能进入"坟墓"，让它自然锈蚀，即

---

① 滕藤：《在〈B 模式：拯救地球 延续文明〉座谈会上发言》，《生态经济通讯》，2004 年第 3 期。

② 余谋昌：《生态安全》，陕西人民教育出版社 2006 年版，第 156 页。

使污染环境也在所难免。但是，我们不能这样做。按照新思维，它虽然报废了但仍然是有价值的，而且保护环境非常重要，要用有利于环境保护的方式开发利用"汽车坟墓"的价值。

通过"资源再生"的方法，它们可以变为巨大的资源宝库。一部报废的汽车，由200多种不同成分的10000多个零部件组成。通过汽车拆解的再生利用的流水线，这些报废汽车就会变废为宝，实现"汽车文化"的新生。

不仅是"汽车坟墓"，还有"舰船坟墓"如"航空母舰坟墓""飞机坟墓"等，它们比汽车有更多、更加先进可靠、远未达到使用期的零部件是可以拆解后重新使用的；它们比汽车有质量更高的钢铁、塑料、橡胶和其他材料，也可以回收利用。许多设备报废以后，可以回收钢铁和其他金属，例如，报废的电子产品，废旧家电富含锂、钛、黄金、铟、银、锑、钴、钯等稀贵金属，一台21英寸电视机的阴极射线管会有约1000克的铅，如果按照500万台的彩电报废量计算，中国彩电仅铅污染就有约5000吨。中国约9亿人持有手机，平均每15个月更换一部手机，且绝大多数的旧手机都成为垃圾随意丢弃，仅有1%的旧手机被回收。废旧手机的显示屏、电路板以及电池等关键部件中含有大量黄金、银、钯、铬、钴以及镍等稀有金属，是"城市矿山"的富矿。

"城市矿山"的开发有许多困难，工业文明生产方式惯性，价值观和思维方式惯性，经济生产中社会体制惯性，社会权贵阶层维护既得利益的惯性，等等。只有突破这些惯性，"钢铁坟墓"的新生才是可能的。

2. 案例："鬼城"新生

300年工业化发展，形成以钢铁工业为核心的城市或资源型城市，成为世界知名的城市。但随着产业转移或资源枯竭它们逐渐衰落了。外电报道，美国名城底特律，英国的利物浦和曼彻斯特，沦为"鬼城"。世界钢都美国匹兹堡的钢铁业已永久停产。我国也面临这样的形势，资源型城市，中晚年期的矿城占总数达80%，濒临资源枯竭的衰老型矿城47座，占 12%。它们面临非常严重的挑战。以线性非循环思维，它们将衰落成为"鬼城"，并终归"死"去，但是换一个角度思考，它们重新焕发生机是完全可能的。矿业城市转型与"鬼城"新生也是可能的。

"鬼城"新生，即矿城转型，这是世界性问题。美国报道，汽车城底特律，自 1950 年以来人口已经减少 1/3，而且还在减少，它在不断萎缩中。上面我们说到，有 100 年历史的世界钢都匹兹堡的钢铁业已永久停产，它造就了一个几百平方公里的"钢铁坟墓"。英国工业城市利物浦和曼彻斯特，也面临同样的命运。

中国云南个旧和东川，是由于矿业开发而兴起的矿城，是 156 项重点建设工程中的工业基地，分别有 45.3 万和 30.2 万人。个旧被称为"锡都"，它累计开采有色金属 192 万吨，其中锡 92 万吨，实现利税 53.3 亿元；东川是"铜都"，它累计开采铜 48 万吨、银 156 吨，创造价值 100 亿元。现在，东川因可采的浅部矿和富矿资源枯竭失去了昔日辉煌，呈萧条景象，已经撤市改区；个旧因探明可采储量仅能维持 5 年，面临"矿竭城衰"的威胁。[①] 世界上所有矿城，包括部分工业城市，面临两种命运：或者随着资源枯竭而"矿竭城衰"缓慢地消亡，或者在转型中获得新生。这是我们需要关注的问题。

（1）北京"首钢"新生。首钢集团，是具有 90 多年历史的现代化"钢都"。它为中国基础设施建设建立了不朽的功勋。但是，它处于北京上风上水之地，对北京环境有非常严重的影响。2005 年国家批准首钢外迁方案，现在已迁至河北曹妃甸建新厂。国家投资曹妃甸作为新的"首钢"，2009 年已经投产，年产钢 970 万吨、铁 898 万吨、钢材 913 万吨。北京市政府主导，在首钢旧址兴建首都功能城市，发展文化创意产业，为高端产业发展创造机遇，建设商务区重点发展数字娱乐、工业设计等高端产业，商务、金融、大型展览馆等生产性服务产业，电子信息、节能环保、新能

---

① 《朱训论文选：政策建议卷》，中国大地出版社 2010 年版，第 235 页。

源（中国绿能港）等高技术产业和高端制造业，休闲娱乐、特色餐饮、动漫游戏城、首钢工业遗址主题公园等。现在一年实现产值 1500 亿元，为首钢的 3 倍。一个现代化新城正在迅速形成中。

（2）德国鲁尔再生是世界矿城新生又一个成功的案例。德国鲁尔由于有丰富的煤炭、铁矿等资源，"二战"后欧洲重建和经济振兴带动了鲁尔区的繁荣，使它成为德国最重要的工业基地。20 世纪 60 年代开始，由于当地煤炭储量下降和开采成本上升，在全球产业革命浪潮的冲击下，鲁尔逐渐走向没落，不得不接受转型，在大规模财政拨款的支持下，鲁尔接受从重工业城到文化休闲基地的改造的命运。现在，鲁尔已成为德国著名的旅游区，游人可以在钢铁车间里听摇滚乐，在生产线遗址边喝咖啡，甚至在炼钢池改造的游泳池里游泳。

（3）英国伦敦码头区的复兴。位于英国泰晤士河下游河畔的伦敦码头区，工业革命后发展起来，成为重要的港口工业区，20 世纪 30 年代中期，发展达到顶峰，有 10 万人从事与港口相关的工作。20 世纪 60—70 年代，码头区走向衰落。1980 年，英国政府实施"码头区发展公司规划"，将它划为自由经济区，一方面极力确保区内已有的公司不会被迫迁走，同时鼓励和支持服务业迁入码头区，大力发展会展、酒店、零售及娱乐建筑，大力发展银行、金融和保险业。为此，政府专门增设一条贯穿半城的轻轨，并可与伦敦地铁换乘；把一些临河的老式房屋改造为咖啡厅或文化馆。也就是说，大力发展服务业，通过对原有建筑的内部改造，让衰落的港口工业基地获得新生[①]。

四、资源开发利用模式转变是必由之路

工业文明的发展中，矿产资源的不可再生性，资源生产采用"矿产—产品—废弃物"的线性生产模式，它不可能是持续的。世界资源枯竭和资源全面短缺，这是必然的。通过开发"城市矿山"，对"汽车坟墓""飞

---

① 贾中山：《首钢老建筑能留下多少》，《北京晚报》，2010 年 12 月 20 日。

机坟墓""舰船坟墓""电子产品坟墓""轮胎和塑料坟墓"中的有用材料实现资源再生利用。这是一种新的"资源开发利用模式"，实现资源再生利用或循环利用。

这也就是生产方式转变，从现代工业化生产向生态化生产转变。用模式表示，这是从"矿产—产品—废弃物"的生产方式，向"矿产—产品—资源再生—产品……"的生产方式转变，循环经济的生产模式转变。只有实现这种转变，我们的经济生产和社会发展才是可持续的。

也就是说，按新的思维方式，资源开发从"资源开采型"到"资源再生型"转变，这是现实的需要。"资源再生"是资源开发的新途径，将为人类矿产资源利用提供无限的可能性。可再生资源开发利用的情况也大致是这样。它是一种同时实现经济发展和环境保护的可持续发展的新模式。

据报道，2002年我国进口"废旧物资"统计（估算）：废钢600多万吨；废铜300多万吨；废铝100多万吨；废塑料600万～1000多万吨；废纸700万～800万吨；废船200多万吨。以上共计2500万～3000万吨。其他非正规渠道进口各种废旧物资，平均每天大约3000个标准箱，1000万～1500万吨。这只是一个极小的数字。发达国家每年有40亿吨废旧物资产出。如果我们运用新资源战略关于资源转化和资源再生的理论，只要开发这种废弃物资源的一部分，对我国经济建设和生态安全就会具有重大意义。

（1）减少污染，有利于生态环境保护。经专家计算，每回收利用1吨废旧物资，可以减少10吨垃圾；回收利用1吨废弃农膜或其他塑料，可以提炼汽油700千克；每回收利用1吨废钢铁炼钢，可以节省各种矿石近20吨，可以节约木材近4立方米、烧碱300千克、电300度；回收废旧电器和废纸等，比开发原生材料更有利于减少污染、减少资源耗用。

（2）节约资源，有利于解决资源和环境问题。专家报告说，如果我国每年能取得发达国家40亿吨废旧物资中的10%，即4亿吨，按平均每利用1吨再生资源可节约原生资源120吨，少产生垃圾和废水10吨计算，每年可节约包括水、煤、石油、森林、矿产等原生资源4800万吨，少产生

40 亿吨垃圾、废水，可以大大节约我们的原生资源。①

我国有些有色金属资源短缺，每年从国外进口大量的铜、铅、锌、氧化铝等矿石。这样，在冶炼过程中，不仅花费大量能源和其他资源，而且把大量矿渣和污染留在国内。其实，这些金属可以从废旧电器的回收中获得，而且可以大大降低成本和减少污染。

（3）解决就业和农村劳动力的出路问题。以塑料为例：每一个直接拆解的工人所拆解的塑料，需要配套 10 个工人对其拆解物进行加工，0.5 个工人参与运输、仓储等。仅"再生资源回收利用"这一个行业就存在一亿个就业机会。每利用 1 吨进口废旧物资，以解决 0.1 人的工作、增加产值 3000 元、产生利润 500 元计算，进口 4 亿吨废旧物资，可以解决 4000 万农民就业，增加产值 1.2 万亿元，获得利润 2000 亿元，为农民创收，这是解决"三农"问题的途径之一。

（4）节约生产成本，有利于经济建设。从进口废旧物资提取原材料，与进口矿石或用自己的资源比较，可以大大节约资源和节约成本，特别是减少环境损害及其治理费用。

总之，工业文明时代，依据矿产资源没有价值的观点，遵循分析性线性思维，采用"矿产—产品—废弃物"的生产模式，它以排放大量废物为特征，把资源的绝大部分作为废物排放，导致资源短缺和资源危机，出现矿产资源开发利用不可持续的形势。生态文明时代需要超越这种线性非循环模式，依据矿产资源有价值的观点，遵循生态学整体性思维，创造"矿产—产品—资源再生—产品……"的循环生产模式，通过"资源再生"实现地球资源可持续的开发、利用和保护。这是我们关于资源战略研究的主要结论。

---

① 刘向群：《建立循环经济，发展资源再生产业》，北京"天地生人讲座"第 562 讲，2003 年 11 月 1 日。

第二节　中国工业发展是世界
工业化的"典范"

　　中华古代文明是农业文明。近代以来，虽然中国许多思想家先行者，倡导"西化"即工业化，但是由于种种原因没有成功。新中国成立以来，建设"159"工程为工业发展打下初步基础。改革开放30多年来，中国工业发展成为世界工业化的典范。之所以说"典范"，不是指"最先"，率先的是英国；而是指"最后"，是"终结"或"总结"的意思。中国是世界上人口最多的国家，工业化后发的国家，在世界工业化走下坡路的时候，用30年的时间完成工业化，取得世界工业化300年成绩的总和，并且也是它的问题的总和；而且，将"终结"现代工业化，在世界上率先走向建设"生态工业"的道路。这是具有世界意义，具有"典范"意义的。

一、中国是世界最大的工业化国家

　　30多年来，中国工业化取得伟大成就成为世界工业大国。我们记得，新中国成立前曾经历一个"洋货"时代，西方国家的产品充斥中国市场，大到所有机器设备，小到"洋火"（火柴）、"洋钉"（小铁钉）、洋布、洋油……我们记得，20世纪60年代，"大跃进"运动"全民大炼钢铁"，提出钢产1600万吨的目标，即使倾全国之力，全国所有的人都参加，也只生产几百万吨。我们记得，20世纪60—70年代"三大件"，一个家庭需要以全家的力量购买的3件工业产品：手表、自行车和收音机，这是一个主要食品和工业产品凭票供给的时代。现在，从城市到乡村，从生产和生活，到文化和休闲，工业产品非常丰富非常充足，而且"中国制造"已远销到世界各地。

　　现在，中国已经建成门类齐全、独立完整的机器制造产业体系，已经能够生产非常丰富的工业产品。也就是说，世界上所有的工业产品，中国都能制造。报道说，现有的工业体系中，所有的工业总共可以分为39个工

115

业大类 191 个中类 525 个小类。按照工业体系完整度,中国拥有 39 个工业
大类 191 个中类 525 个小类,成为全世界唯一拥有联合国产业分类中全部
工业门类的国家,联合国产业分类中所列举的全部工业门类都能在中国找
到。外电报道,"中国对全球增长(的影响)将远超美国",主要是中国投
资和"中国制造"。① "中国制造"的发展,已经强力推动工业化和现代化
进程,显著增强综合国力,创造中国的世界大国地位。现在,全球制造业
一半在中国,钢铁、水泥等 1485 种工业产品已占世界第一;"中国制造"
成为全球最重要的商标,中国制造的产品远销世界 100 多个国家。实际上,
中国制造产能过剩,需要进行供给侧改革;年产钢材 8 亿多吨,中国钢材
和其他工业产品,销售到美国和西欧,被称为"廉价倾销",被告上世贸
法庭。2013 年,中国的工业产值为美国同期的 126%,一个史无前例的全
球第一工业大国由此诞生。

二、中国是世界上工业污染最严重的国家

但是,环境污染和资源短缺问题的严重挑战,又使中国工业化快速发
展付出沉重的代价。世界"八大公害事件"中,有 5 起是空气污染事
件——"伦敦烟雾事件"(英国,1952)、"马斯河谷烟雾事件"(比利时,
1930)、"多诺拉事件"(美国,1948)、"洛杉矶光化学烟雾事件"(美国,
20 世纪 40 年代)、"四日市哮喘事件"(日本,1961—1972),有 2 起是水
污染导致重金属污染事件——"水俣病事件"　(汞污染事件,日本,
1953—1964)、"痛痛病事件"(镉污染事件,日本,1955—1972),有 1 起
是食品污染事件——"米糠油事件"(日本,1968)。

现在,中国的环境问题和环境污染事件同样让人忧心不已。

1. 中国空气污染

20 世纪 80 年代,邓小平在接见英国女王时脱口而出,伦敦是有名的

---

① 《中国对全球增长将远超美国》,《华尔街日报》,2016 年 3 月 8 日,转引自《参考消息》,
2016 年 3 月 11 日。

雾都，而女王则礼貌地回答，现在已经治理好了。新世纪，北京成为真正的雾都；2013 年 1 月，31 天中有 26 天被雾霾笼罩；2013 年全年，北京PM2.5 平均浓度超过国家标准的 1.5 倍，空气达标 175 天，不足全年天数的一半，五、六级严重污染累计 58 天，占全年的 15.9%，平均每 6~7 天有一次重污染天。现在北京的雾霾已经名震中外。问题还在于，雾霾不仅在北京和北方的大城市，而且扩展到华中、华东、华南乃至东北，从城市扩展到农村，整个中国东部都成为空气污染严重的地区。这是严重的生态灾难。

空气污染损害人体健康，提高肺癌、心脏病和中风的发病率。报道说：中美学者突破性研究发现，雾霾缩短中国北方人 5.5 年的寿命。[①] 这是由美国麻省理工学院、清华大学、北京大学和耶路撒冷希伯来大学的教授进行联合调研，利用中国各地数十年来的污染数据推算出的，20 世纪 90年代，北方的空气污染已经减少了人们合计约 25 亿年的寿命。报告作者之一、清华大学李宏彬教授说："这是我们第一次获取长期空气污染对人类健康造成影响的数据。这些数据不仅能反映出空气污染对寿命的影响，还能反映出空气污染带来的疾病种类。这一数据表明人类寿命因空气污染付出了高昂的代价。"报告作者之一、麻省理工学院教授迈克尔·格林斯通说："我们发现，淮河以北的居民人均寿命减少 5.5 年。这项研究是建立在真实的中国污染数据、中国居民的预期寿命数据之上，所以这不仅仅是推断。"

虽然一些学者对此报告的数据和结论的可靠性表示怀疑，但是空气污染问题的严重性，它对人体健康的严重危害，以及它对经济、社会的影响，这是没有疑问的。有些城市已经做出决定：严重的雾霾天，汽车限行、学生放假和有关工厂停工。卫生部前部长陈竺等在《柳叶刀》（2013年第 12 期）发表文章说："世界银行、世界卫生组织和环保部环境规划院就空气污染对健康造成影响联合展开调查研究后得出结论：中国每年有 36万至 50 万人因户外空气污染过早死亡。"它成为中国人健康的第四大威胁，是肿瘤致死的罪魁祸首。该刊物发表的另一份研究报告说，PM2.5 仅

---

① 英国《金融时报》，2013 年 7 月 8 日，转引自《参考消息》，2013 年 7 月 10 日。

2010 年一年内就使 120 万中国人过早死亡。①

2. 中国水源污染

水污染方面，水利部曾经对全国 700 余条河流，约 10 万公里河流的水
资源质量进行了调查和评价，结果是 46.5% 的河流受到污染，水质只达到
四、五类；在全中国七大流域中，其中辽河、淮河、黄河、海河等流域都
有 70% 以上的河段受到污染，松花江、珠江、长江的污染也非常严重；
90% 以上的城市水域污染严重；同样，主要湖泊的富营养化现象也非常严
重，1998 年出现太湖严重污染事件。现在，水污染正从东部向西部发展，
从支流向干流延伸，从城市向农村蔓延，从地表向地下渗透，从区域向流
域扩散，水污染问题呈不断恶化的发展趋势。许多水体已经丧失使用价
值，严重影响社会生产和生活，有人甚至说"一些城市的自来水仅剩冲马
桶的功能"。

国家环保局前局长曲格平说，中国水污染问题的趋势是越来越坏，而
不是越来越好。前景很不乐观。滇池治理，越治越坏。外国专家全都摇头
说：从没见过这样的湖泊。我国的许多湖泊，现在还都在按滇池的路子走
下去。水污染问题在普遍加剧，仅有的水源逐渐不能使用。这种局面特别
紧迫。如不能采取有效措施，中国将因此而出现很严重的问题。

3. 土壤污染的严重挑战

土壤污染的问题，比空气污染和水体污染更为严重。首次全国土壤污
染状况调查从 2005 年开始至 2013 年结束，历时 9 年。环境保护部和国土
资源部联合发布的调查结果显示，全国土壤环境已经非常严重，受重金属
污染的耕地面积已达 2000 万公顷，占全国耕地面积的 1/6。它对食品安全
和人体健康提出严峻挑战。

评论家说，现在中国的现状和复杂程度，是世界上任何一个国家都无
法比拟的。从东部沿海到西部内陆，从繁华的都市到贫困的乡村，从政治
到经济，从社会到文化，从民生到环境，19 世纪以来西方发达社会出现的

---

① 《参考消息》，2014 年 1 月 9 日。

几乎所有现象，都能在今日的中国看到。由于中国发展现状和复杂性极其特殊，世界上没有任何一个国家的成功经验可以帮助中国解决当前的所有问题。中国目前所要应对的挑战，是西方发达国家在过去200年里所遇困难的总和。中国在一代人时间里所要肩负的历史重担，相当于美国几十届政府共同铸就的伟业。

生态危机问题的严峻挑战促成中国转变。

三、中国新工业化之路

中国工业化发展具有后发优势，可以借鉴先进工业国的经验，利用它们的先进成果，可以发展得快一些。但是，后来者常常会操之过急，而这会带来许多问题，特别是生态危机和持续发展问题的严峻挑战，从而促成中国经济转变。现在，虽然中国成为世界最大的工业国，但是与世界先进水平相比，中国制造业仍然大而不强，尤其是在自主创新能力、资源利用效率、产业结构水平、信息化程度、质量效益等方面差距明显，转型升级和跨越发展的任务很紧迫很艰巨。为了改变局面，2015年，中国政府制定和实施《中国制造2025》，指引中国走向新工业化之路。这是实现制造强国的战略和行动纲领。

1.《中国制造2025》的宗旨

基本目标是：全面提升中国制造业发展质量和水平，实现中国为世界制造强国。基本方针是：制造业发展"创新驱动、质量为先、绿色发展、结构优化、人才为本"。基本原则是：坚持"市场主导、政府引导，立足当前、着眼长远，整体推进、重点突破，自主发展、开放合作"。

2.《中国制造2025》五大工程

制造业创新中心——工业技术研究基地建设工程，研究新一代信息技术、智能制造、增材制造、新材料和生物医药等领域创新发展；智能制造工程，新一代信息技术与制造装备融合的集成创新和工程应用；工业强基工程，核心基础零部件（元器件）、先进基础工艺、关键基础材料的首批次或跨领域应用；绿色制造工程，制造业能效提升、清洁生产、节水治污、循环利用等专项技术改造；高端装备创新工程，大型飞机、航空发动机及燃气轮机、民用航天、智能绿色列车、节能与新能源汽车、海洋工程装备及高技术船舶、智能电网成套装备、高档数控机床、核电装备、高端诊疗设备等重大工程。

3.《中国制造2025》十大领域

①新一代信息技术产业。②高档数控机床和机器人。③航空航天装备。④海洋工程装备及高技术船舶。⑤先进轨道交通装备。⑥节能与新能源汽车。⑦电力装备，超大容量水电机组、核电机组、重型燃气轮机制造。⑧高端农机装备和农机装备信息化。⑨新材料，特种金属功能材料、高性能结构材料、功能性高分子材料、特种无机非金属材料和先进复合材料，超导材料、纳米材料、石墨烯、生物基材料等。⑩生物医药及高性能医疗器械，重大疾病的化学药、中药、生物技术药物新产品，新机制和新靶点的化学药、抗体药物、抗体偶联药物、全新结构蛋白及多肽药物、新型疫苗、临床优势突出的创新中药及个性化治疗药物；医疗器械创新，发展影像设备、医用机器人等高性能诊疗设备，全降解血管支架等高值医用耗材，可穿戴、远程诊疗等移动医疗产品；实现生物3D打印、诱导多能干细胞等新技术的突破和应用。

4.《中国制造2025》与德国工业4.0战略对接合作

2015年12月23日，国务院发布《中德（沈阳）高端装备制造产业园建设方案》；成立"中德高端装备制造产业园"（沈阳铁西区），承接中德两国制造业深度合作、实现信息化和工业化深度融合、走新型工业化道路，推动制造业向智能制造转型升级，传统制造在技术上如何利用互联网实现新的工业革命，实现中国新工业化。

第三节　生态工业：现代工业的超越

世界工业化创造了人类工业文明社会，它的光辉和伟大已经载入人类的史册。因为它遵循"人统治自然"的哲学，按照还原论分析思维，一种线性非循环思维，过多过快地开发利用煤、石油和天然气等能源资源，以及各种矿产资源；过多过快地排放各种废物，造成环境污染、生态破坏和资源短缺的全球性生态危机，损害了工业生产的可持续性。从某种意义上说，工业化造就了自己的掘墓人，推动了"生态工业"的产生。

一、发展中国的生态工业

现代以机器制造为核心的工业，它的模式是"原料—产品—废料"。这是一种线性非循环的工艺。它以排放大量废料为特征，是一种原料高投入，产品低产出和高环境污染的生产。虽然有很高的效率，但它是不可持续的。20世纪中叶，爆发以环境污染、生态破坏和资源短缺表现的全球性生态危机，需要有新的工业模式，这就是"生态工业"模式。

1. 什么是生态工业

所谓"生态工业"，是工业和生态学的结合，用生态学观点和系统工程的优化方法，应用人类科学技术的全部优秀成果，设计工业生产过程中原料和能量分层多级利用，以便在生产过程的每一个阶段建立工业循环和环境之间，即产品生产和环境保护之间的最佳相互作用关系，达到比较理想的经济与环境统一的效果。

20世纪初，它在发达国家作为一种趋势有各种不同的名称，如"绿色制造""持久发展的工业""绿色工厂""工业生态系统"等。20世纪90年代，美国产业界提出，必须建设一种"工业生态系统"。这是一种新的工业程序，能够把能源和物质的投入，以及废弃物和污染物质的产出减少到最低限度。也就是说，制造过程中产生的这些副产品，应使其能出售或重新加以利用，为此需要开发干净的生产程序，重点放在资源加工效率方面，并开发出新的容易再回收利用的物质；减少使用有毒物质，并使生产出来的产品能够反复使用或重新利用。工业生态系统强调提高资源利用率，着眼于产品设计不会产生污染，而且废弃物可以回收利用。因而它能创造更多的利润和有助于改善环境质量。美国产业界认为，它将成为美国的国家最终目标，并成为21世纪占主导地位的制造方式。实行这种政策，会在研究与发展、教育与职业培训方面创造数以百万计的高报酬的就业机会，并帮助重建美国的基础设施和制造业基础。这反过来又会创造更多的就业机会。推行这种战略，美国就可以在21世纪的全球经济中进行有力的竞争。

因此，评论家预言，生态工业是"环境保护引发的一次工业革命"。

2. "工业生态学"概念

1975年，笔者确定环境哲学的学术方向，是从用生态学方法研究环境问题展开的。用生态学方式思考环境问题，我们知道，环境污染同传统工业模式相关。虽然工业生产主要是物质变换的无机过程，乍看起来，好像它同生态学没有关系；但是实际上，许多问题正是出在这里。工业生产传统工艺的最大问题是，没有把生产过程纳入自然界合理的物质循环系统，它把向环境排放大量生物不能吸收，或对生物有毒有害废弃物看成是正常的，并被认为是天经地义的。因为它们是"社会"物质生产，而不是"自然"物质生产。这样，它是"反自然"的，不仅大量浪费自然资源，而且严重污染自然环境，破坏大自然的生态平衡。

1981年，笔者发表文章认为，解决环境问题的途径应当是，工业生产要树立生态观点，运用科学的生态学思维，开展工业生态学研究，确立"工业生态学"概念，创造生态工艺，发展生态工业。[①] 也就是说，工业生态学是关于创造"生态工艺"，发展"生态工业"的科学。

1989年，美国《科学美国人》发表罗伯特·弗罗斯彻和尼古拉斯·格罗皮乌斯《可持续工业发展战略》一文，提出"为什么我们的工业行为不能像生态系统一样，在自然生态系统中一个物种的废物也许就是另一个物种的资源，而为什么一种工业的废物就不能成为另一种的资源？如果工业也能像自然生态系统一样就可以大幅减少原材料需要和环境污染并能节约废物垃圾的处理过程"。这是"工业生态学"最早的概念。他们认为，工业生态学把整个工业系统作为一个生态系统来看待，认为工业系统中的物

---

① 余谋昌：《生态学方法是环境科学的重要方法》，《中国环境科学》，1981年第6期。

质、能源和信息的流动与储存不是孤立的简单叠加关系，而是可以像在自然生态系统中那样循环运行，它们之间相互依赖、相互作用、相互影响，形成复杂的、相互连接的网络系统。这就是生态工业系统。

3. 什么是"生态工艺"

生态工艺是这样提出的，为什么自然界（生物圈）的物质生产没有"环境问题，"而人类的工业生产会出现这样严重的环境问题？为了认识环境问题，我们对人类社会的物质生产与自然物质生产进行比较，结果发现生物圈的物质生产远远优越于人类社会的物质生产。大家知道，生物圈是地球物质进化的产物，已经有 30 多亿年的历史。经过漫长历史进化形成的生态系统，在进化过程中经历了各种考验，形成其各自的优点，它的功能和结构具有自动调节和自动控制的性质，因而使系统的能量输入输出保持动态平衡状态，既有最佳生产能力，又能避免危及系统存在的恶果。自然生态系统，只要它正常运转，所有输入系统的物质都在循环中运动转化，在一种有机体利用之后，转化为另一种有机体可以再利用的形式，几乎所有物质都在循环中被利用。这是一种废物还原和废物利用的过程，一种无废料生产过程。

但是，人类社会的物质生产则是线性的非循环过程，它以排放大量废物为特征。人类能否模仿生物圈的物质生产过程，设计人类社会的物质生产方式？1982 年笔者依据生态学思维，提出"仿圈学"概念。[①]

生态工艺就是学习生物圈的物质生产过程，设计工业生产的生产工艺。仿圈学的基本思想是，运用生物圈的发展规律，模拟生物圈物质运动过程，设计人类的生产和生活装置，以整体最优化的形式，实现社会物质生产无废料的生产过程。这可能有助于我们走出环境危机，实现环境保护。

当时产生这种想法，首先是受宇宙飞船的人工环境研究的启发。那时（1954）称这一研究为"环境科学"，是美国科学家提出的。他们认为，为了能够抵达更远的天体，并保持宇宙飞船里的环境，必须设计废

---

① 余谋昌：《仿圈学的意义与任务》，《中国环境科学》，1982 年第 2 期。

物还原和废物利用的宇宙飞船装置，以便把起飞时所携带的食物、水和空气在使用后，通过废物还原过程而不断地重复使用。它包括这样一些装置：用化学过滤器把宇航员们呼出的二氧化碳和水蒸气收集起来；用蒸馏或其他办法从人的粪便中回收尿素、盐和水分；用消毒以后的干粪以及收集的二氧化碳和水喂养生长在水箱中的海藻；海藻通过光合作用，把二氧化碳、水和粪便中的含氮化合物转变为有机物和氧气，供船们食用和呼吸。这一装置唯一需要从系统外输入的东西是进行这些过程（包括植物光合作用）所需要的能量，它可以从太阳那里得到不断的供给。据计算，只要在起飞时给每个宇航员事先准备 110 千克海藻，这个系统的运转就能无限地满足宇航员们生存所需要的食物和氧。

实际上，这就是仿圈学思想的应用。后来，美国"生物圈Ⅱ号"的设计和运转；英国建造"人工生物圈"，模拟气候变化对生态系统的影响；日本建造"小地球"实验楼，研究放射性物质和二氧化碳等对植物生长的影响，等等，就是不同形式的仿圈学研究。

仿圈学的研究和实践，有助于人类设计新的生产工艺和创造新的技术形式。生态工艺和生态技术就是这样提出的。虽然，据报道"生物圈Ⅱ号"实验大多失败了，但是笔者认为，它对于工业范式转变，发展生态工业是有重大意义的。

4. 工业生产的生态设计

现在，在世界范围内，工业污染的控制主要靠净化废物，即在传统工艺的基础上增加净化装置。这样环境污染得到一定的控制。但是，净化装置的建设和运转，需要大量投资和运转费用，不仅不能在根本上解决问题，而且往往造成二次污染。这是不可能最终解决环境问题的。在这里，根本的出路是引进一个新的技术过程，创造新的生产工艺和新的工业生产方式。

1982 年，笔者在《生态学杂志》创刊号发表《生态观与生态方法》一文，[①] 依据生态观和生态方法，提出"生态工艺"的思想，认为用生态

---

① 余谋昌：《生态观与生态方法》，《生态学杂志》，1982 年第 1 期。

工艺代替传统伺服工艺，这是解决工业污染控制问题的根本出路。

所谓"生态工艺"，是把大自然的法则应用于社会物质生产，模拟生物圈物质运动过程（仿圈学），设计无废料的生产，以闭路循环的形式，实现资源充分合理的利用，使生产过程保持生态学上的洁净。它是应用生态学观点，主要是生态学中物种共生和物质循环、转化和再生的原理，系统工程优化方法，以及其他现代科学技术成果，设计物质和能量多层次分级利用的产业技术体系。在这样的生产过程中，输入生产系统的物质，在第一次使用生产第一种产品以后，其剩余物是第二次使用，生产第二种产品的原料；如果仍有剩余物是生产第三种产品的原料，直到全部用完或循环使用；最后不可避免的剩余物，以对生物和环境无毒无害的形式排放，能为环境中的生物吸收利用。

著名生态学家马世骏教授把这种工艺称为"生态工程"。[①]

生态工艺或生态工程思想的应用，形成生态技术，建设生态化产业。它的特点同传统技术比较是优越的。

（1）在价值观上，它不以经济增长为唯一目标，还包含环境保护目标。它不是以当代人的利益为唯一尺度，而是既满足人的需要又有益于生态平衡。也就是说，它的应用要兼顾当代人的利益、子孙后代的利益以及地球上其他生命的利益。因而它不是"反自然"的，而是"尊重自然"的。

（2）它的科学观是整体论的。传统工业技术依据分析性思维，追求单一生产过程和单一产品生产最优化，以排放大量废物为特征。生态工艺运用整体性思维，通过生态学与其他基础科学的结合，通过跨科学的综合研究创造综合性技术，并朝着信息化和智能化的方向发展。

（3）它的组织原则是非线性的和循环的。因为它不再以单项过程和生产单一产品的最优化为目标，而是追求人与自然和谐，以整个生产过程的

---

① 马世骏：《生态工程的原理及应用》，转引自马世骏、李松华主编《中国的农业生态工程》，科学出版社1989年版。

综合性生产，以及多种产品产出的最优化为目标。如果用一个简单的模式表示它们的区别，那么，传统工艺的运行模式是"原料—产品—废料"，它是线性的和非循环的，以排放大量废弃物为特征；生态工艺的运行模式是"原料—产品—剩余物—产品……"它是非线性的和循环的，以资源充分利用为特征。

（4）在社会功能上，由于实现资源的多层次分级利用，社会物质生产中，物质从一种形式转变为另一种形式，在工业生态系统中循环，进入系统的物质都是有用的，以多种产品输出和废物最少化的方式完成生产过程。在这样的生产中，污染被认为是设计上的缺陷，即未能充分利用某种可利用的资源，一旦出现污染将在生产中被排除。

这种经济形式现在称为循环经济或生态工业。

二、生态工业园，中国生态工业起步

生态工业园，是把一个区域作为统一的生态系统，这里的不同企业是统一的生态系统的一部分，依据工业生态学的生态系统是有机整体的观点，遵循生态思维，对区域内不同企业的生产进行生态设计。首先，每一个企业的生产，按生态工艺进行，它的模式是"原料—产品—剩余物—产品……"同时，区域内不同的企业，是相互联系相互依赖的有机整体，如果生产过程有废弃物产出，作为另一个企业的原料，在区域统一生态系统内，由不同企业对物质和能量进行多层次利用或循环利用，拉长产品链，实现多产品产出和无废料生产。

1. 工业生态园区的主要特征

（1）紧密围绕当地的自然条件、行业优势和区位优势，进行生态工业示范园区的设计和运行。

（2）通过园区内各单元间的副产物和废物交换、能量和废水的梯级利用以及基础设施的共享，实现资源利用的最大化和废物排放的最小化。

（3）通过现代化管理手段、政策手段以及新技术，如信息共享、节水、能源利用、再循环和再使用、环境监测和可持续交通技术的采用，保证园区的稳定和持续发展。

（4）通过园区环境基础设施的建设、运行，企业、园区和整个社区的环境状况得到持续改进。

2. 工业生态园区规划应遵循以下原则

（1）生命共同体和谐共生原则。企业与区域自然生态系统相结合，保持尽可能多的生态功能，提高资源利用效率。

（2）生态效率原则。园区企业合理布局相互合作，通过各企业的副产品交换，废料作为再生资源利用，或重复利用。

（3）生命周期原则。进入园区的原材料，园区产品和废物进行生命周期管理，实现多产品产出和无废料生产。

（4）区域发展原则。尽可能将园区和社区的发展与地方特色经济相结合，将园区建设与区域生态环境综合整治相结合。要通过培训和教育计划、工业开发、住房建设、社区建设等，加强园区与社区间的联系，园区规划纳入当地的社会经济发展规划，并与区域环境保护规划方案相协调。

（5）高科技、高效益原则。采用现代化的生物技术、生态技术、节能技术、节水技术、再循环技术和信息技术，以用科学的生产过程管理和环境管理，实现经济效益、社会效益和环境效益统一。

（6）软硬件建设并重原则。园区的工业设施、基础设施、服务设施的建设，以及生产管理系统、环境管理系统和信息支持系统，同时规划、同时建设和同时运转，建设有机完整的生命系统。

3. 生态工业是未来的制造业

《国家创新驱动发展战略纲要》（2015）提出十大产业技术体系创新，这为发展生态工业提供了科学技术和经济的强大基础。依据生态学整体性观点、生命共同体和谐共生的观点，遵循科学的生态学思维、非线性循环思维，对工业制造业的发展进行生态设计，创造生态工艺，按"原料—产品—剩余物—产品……"的模式进行生产。这一模式中，"剩余物"作为"再生资源"投入另一种产品生产，通过对物质和能量分级的、多层次的或循环利用，实现原料低投入、产品高产出和环境低污染的生产。它把现在工业生产的两个部门：产品生产（制造部门）和环境保护（废物净化处理）统一起来，在统一的生产过程中完成多种产品的产出。这是一种没有废弃物输出的生产，因而是高效和清洁的生产。现有生态工业示范园区具有试验的性质，也许是生态工业的雏形，就生态工业而言，它还不成熟不完善，这是显然的。中国人民正在建设生态文明，有智慧有能力，在生态文明建设中会有更多更伟大的创造。生态工业将从雏形走向成熟和完善，这是肯定的；它将从现在特定地区、特色产业扩展到更多的地区和更多的产业；从现在的特色或普通产业扩展到高端产业，扩展到全部制造业，扩展到全中国。中国人民创造生态工业，引领世界新工业化的潮流。这是中国人民的光荣。

第六章　消费：生态文明生活方式的生态设计

消费是发展经济的目的，是社会生产力发展的主要动力。它由人类的生产方式和生活方式决定。党的十八大提出的"五位一体"建设生态文明的战略，非常重视推进生活方式转变，倡导绿色消费，并把它看作是经济建设的重要方面。工业文明的消费生活，以物质主义、经济主义、享乐主义为主要特征。它是一种高消费的生活。为了满足人无止境的物质需要的欲望，不断扩大生产，不断刺激消费，大量掠夺、滥用、挥霍和浪费地球资源，人类的生态足迹已经超越地球的生态承载能力，出现25%的生态赤字。地球没有能力支持这样的生活。生态文明的生活方式需要超越高消费的生活，以绿色消费为主要特征。生态文明融入经济建设，需要绿色消费的支持。推动从高消费向绿色消费转变，创造一种可持续的生活方式——绿色生活方式，这是建设生态文明经济的一个重要方面。

第一节　高消费：工业文明的生活方式

生活方式是人类消费物质资料的方式，包括物质生活、文化生活和精神生活的消费。它主要由社会物质生产发展决定，随着科学技术进步和生产力迅速发展，财富有了极大增长，物质有了极大的丰富，许多人有了富足、方便、安全、舒适的生活。同时，世界经济全球化，物质生产和精神生产、交通运输和信息流通全球化，人的生活方式也越来越国际化。这是工业文明社会生活方式的主要特点。但是，不同社会阶层由于占有财富不同，不同的地理环境，不同民族的历史传统，不同的文化和信仰，不同的风俗习惯，具有不同的生活方式，表现出它显著的差异性。

一、高消费，工业化国家的消费生活

工业化国家运用科学技术的伟大力量，生产了非常丰富的产品，创造了巨大的财富和非常繁荣的市场，国家和人民富裕，满足了人民过好日子的欲望。许多人有了富足、舒适、方便、安全和幸福的生活，高消费的浪潮一浪高过一浪，被称为"消费生活革命"。工业文明的消费生活，是物质主义、经济主义、享乐主义的消费生活，以美国最为典型。它的主要特征可做如下表述：

1. 美国高能耗高消耗的生活

美国大多数人民的生活，无比的富裕、舒适、方便、安全和幸福。美国以世界 6% 的人口，消费掉世界 30% 的资源，过着一种高消费的生活，最典型的特点就是高能源消耗。首先是汽车消费，发展了以汽车为中心的消费文化。20 世纪中叶，洛杉矶市 250 万辆汽车制造了著名的公害事件——"洛杉矶光化学烟雾事件"。"汽车文化"发展，美国每户家庭至少有一部汽车，但通常在两部以上，一部小轿车、一部家庭旅行车，或者还有一部小卡车，平均一人一车，2 亿多辆车跑在四通八达的高速公路上。美国人不怎么关心油耗问题，美国市场上的汽车一般不考虑排气量，仔细研究会发现，事实上几乎不可能找到排气量在 2.0 以下的车。美国消耗了全球 1/4 的原油，其中汽车用油就消耗了全球 1/10 的石油供应。其次，高功率烘干机烘干衣物，即便是在阳光灿烂的加州，也看不到人们利用太阳光晾干衣物；高功率空调机、洗碗机和各种各样的电器，谁也不曾考虑节电节水的问题。

美国高消费造成的又一个特点是胖人多。由于每天摄入的热量过多，甚至暴饮暴食和运动不足，有 65% 的人超重或患有肥胖症。身体超重导致美国每年要支付 930 亿～1170 亿美元的医疗账单，还不算胖人多消费的食物、衣物和其他费用。

生产过剩，物资大丰富，生产厂家和广告公司推销消费主义，人们购物又不用考虑节约的问题，纷纷扬扬竞相购物，推动了一种真正高消费和过量消费的生活。追求高档商品，"为能买进名牌货而工作"；购买昂贵商品才有尊严，奢侈挥霍成为时尚。

2. 美国人"为地位而消费"

美国人的别墅、家庭装饰和汽车，越来越豪华昂贵，服装、化妆品乃至日常用品，品种不断更新，样式不断多样化，质量越来越高档豪华，价格越来越昂贵，生活不断向高级奢侈的方向发展。显然，这不只是为了基本需要，超越了生活基本需要。它表现高收入人群的高支付能力，表现更阔气、更有体面和更有声望。因而它成为一种身份、能力、地位和成功的象征。

有一句名言："告诉我你消费了多少，我就能说出你身价几何。"人们互相攀比着，高消费者似乎有无上荣耀，低消费者却有不能满足占有欲的羞耻感："如果你一无所有，你就会认为自己一无是处。"

这样，记者报道说："正常的生理需求变成了消费竞赛，人异化为一种消费动物。人们疯狂地、辛苦地工作，就是为了享受那种所谓消费的欢愉。只有高消费者才是成功者。你比别人消费得多，你就比别人更成功；你比别人消费得少，你就是一个失败者。"人们争相住大房子高级别墅、开大汽车豪华轿车、用高档名牌商品，高消费成了地位的显示，互相攀比又刺激它不断膨胀，生活消费成了"异化消费"，正常的人成了"异化的人"。

经济学家索尔斯坦·凡勃伦在《有闲阶级论》一书中把这种消费称为"炫耀性消费"。他指出，人们通过炫耀性消费追求地位，这种消费的意义不在于商品的内在价值，而在于它能让人们试图区别于其他人。随着经济增长，人们越来越多地选择购买身份象征产品。后来人们把这种"身份象征产品"称为"凡勃伦商品"，而不是其他商品。

3. 美国"能买就买"的消费文化

美国生产力和科技发达，产品非常丰富，生产商不断地生产新产品，生产过剩创生了许多大超市。它通过广告鼓励人们购物，因为只有把丰富的商品消费掉，生产厂家和商家的生产才能继续运转下去。从而形成美国高消费文化的又一个特点：人们热衷于购物，喜欢购物，迷恋购物，乐此不疲地购买，好像购物本身就是目的，发展了"能买就买"的消费文化。

美国各地的大型仓储式超市，人们不是用菜篮子或口袋购物，而是用汽车购物，各种各样的物品一车一车地往家里送。商品品种多、数量大、品牌高级质量好，价格昂贵。但人们购买常常不是为了需要，或者当时认为需要，后来又不需要它了，"丢弃"就成为不可避免的了。

有人说，在美国可以捡到一个家庭全部现代化的耐用消费品。这是真的。美国垃圾分类，按规定时间丢弃哪一种废弃物。只要你需要，可以捡到完好的各种日常用品，如席梦思床、大型写字台、轮椅、藤椅；各种家用电器，电视机、音响；皮箱、座椅；各种厨房用具和其他东西。这些都还是很好的，只因它不再时髦，或不再被喜欢而被扔掉。这是一种大量"丢弃"商品的文化。

4. 美国举债消费文化

美国真的富裕到这种程度吗？

美国是高消费低储蓄的国家，储蓄率为 - 1.7%，在生产过剩的情况下，银行不断向消费者提出贷款建议，主要以信用卡的形式，甚至允许在无担保的情况下借钱。它的利率比大部分抵押贷款的利率高，其利率一般在 10% 以上。这比银行支付给储蓄者的利率（3% 左右）高很多，银行可以获得巨额利润。许多美国家庭买公寓和汽车要贷款，甚至送孩子上学、为汽车加油和上医院看病也要贷款，去超市购物贷款，许多人从而积欠下大量债务。

2009 年 6 月，美国总负债（包括政府、企业及私人）达 52.8 万亿美元，为 2008 年 GDP 14.2 万亿美元的 3.72 倍，其中个人信用卡欠账达9517 亿美元，形成了独特的举债消费文化。

这种消费文化，消费与储蓄不平衡导致美国金融危机，并影响全球形成世界金融危机。它对世界经济和社会安全提出严峻挑战。

经济理论界、学术界、产业界和市民普遍认为，这种高消费是必要的，是符合经济规律的，是经济发展的动力。

二、消费是经济发展动力的生态思考

所有的人都希望有美好的人生和美好的生活。在美国称为"美国梦"，在中国称为"中国梦"。虽然"梦"有所不同，但过好日子的目标是一致的。它常常以实现"高消费"来体现。

1. "美国梦"是巨大的动力

所谓"美国梦"（American Dream），指"美国是自由、牺牲和机会的象征"。1931 年，美国历史学家詹姆斯·亚当斯在《美国史诗》中提出："美国梦"是"一个国家的梦，在这里，每个人的生活都可以过得更好、更富裕、更充实，人们的机会取决于他们的能力和成就"。美国人认为，它根植于美国立国的最根本的文化之中，从富兰克林、林肯到奥巴马，他们一致认为，只要有更好生活的理想，认真努力就可以从社会的底层奋斗到较高的地位，获得优厚的待遇；通过自己的勤奋工作、勇气、创意和决心，便能获得更好的生活，就会迈向繁荣。这样，美国就是一片梦想的热土。早年，许多欧洲移民都是抱着"美国梦"的理想前往美国的。后来，吸引世界各地的人移民美国寻找"美国梦"。美国成为移民国家。

什么是"美国梦"？实际上，它是追求一个美好人生和美好生活的企盼。笔者听过一位基督教长老（华裔教授）的讲演，他说，华人来美国寻梦，来美国几十年，经历种种艰辛挫折困难辛苦寻找"美国梦"。什么是"美国梦"？当然是指美好的生活和成就自己的人生，具体地说就是"五子登科"，即享受有位子（教授）、妻子、票子、房子、车子的生活。现在这"五子"都有了，是不是就是寻找到"美国梦"了？问一位美国朋友："我来寻'美国梦'，什么是'美国梦'？有了上述'五子'，还缺什么？"朋友说："缺一条狗。"

"美国梦"是有理想并运用自己的智慧努力工作，从而成就自己的美好人生和幸福生活。

2. "美国梦"有榜样作用

所有人都希望有美好的人生和美好的生活。美国是科学技术和社会生产力最发达的国家。那里有许多岗位，有许多选择机会，可以展现自己的智慧和才能，成就自己的人生，是可以充分展现自己人生的地方。美国又是世界上最富裕的国家，人均 GDP 世界第一，达 4 万多美元，生产出非常丰富的商品，还有能力购买全世界的商品，高消费发育得最完备，有最高消费水平，是可以充分享受人生的地方。同时，美国又向全世界推销"美国梦"。它的榜样作用吸引了全世界，许多人不远万里跑到美国寻找"美国梦"，或者以美国为榜样，在自己的国家寻找"美国梦"。"美国梦"有榜样作用。

3. "消费是经济发展动力"的生态思考

马克思和恩格斯指出："我们首先应当确定，一切人类生存的第一个前提，也就是一切历史的第一个前提，这个前提就是：人们为了能够'创造历史'，必须能够生活。但是，为了生活，首先就需要衣、食、住以及其他东西。因此，第一个历史活动就是满足这些需要的资料，即生产物质生活本身。同时这也是人们仅仅为了能够生活就必须每日每时都要进行的（现在也和几千年前一样）一种历史活动，即一切历史的一种基本条件。"① 消费是生产的目的，生产满足消费的需要。马克思说："生产直接是消费，消费直接是生产。每一方直接是它的对方。可是同时在两者之间存在着一种媒介运动。生产媒介消费，它创造出消费的材料，没有生产，消费就没有对象。但是消费也媒介着生产，因为正是消费替产品创造了主体，产品对这个主体才是产品。产品在消费中才得到最后完成。"②

人类的目标是生存、享受和发展。它由社会物质生产和消费实现。这

① 马克思、恩格斯：《德意志意识形态》，人民出版社 1961 年版，第 21～22 页。
② 马克思：《〈政治经济学批判〉导言》，转引自《马克思恩格斯选集》第二卷，人民出版社 1972 年版，第 93～94 页。

是经济—社会发展动力。现代经济理论认为，高消费是经济发展的主要动力。主要发达国家还是由家庭消费来驱动的，所以家庭的杠杆率非常高，平均在75%左右，而发展中国家平均约为35%，中国是38%。商家兴高采烈地说，中国家庭负债率很低，跟家庭有关的生意，"现在很好做，未来会更好做"。

经济发展虽然需要通过消费实现，但是我们需要思考，什么样的"需要"，从而进行什么样的"消费"，是正确和合理的。

现代社会把消费作为经济发展的动力，鼓励高消费，这是有风险的。第一，以扩大消费刺激生产，可能导致过度生产和产能过剩，不得不进行供给侧改革；第二，鼓励过度消费，在"物质主义、经济主义、享乐主义"思想指导下，在高新技术支持下，实行大量生产、过量消费和大量废弃的生活，造成资源浪费和破坏。这种消费大大超越人类的基本需要。地球没有能力支持这种生活。它是不可持续的。我们对"消费是经济发展动力"要有全面的理解。

当下社会倡导绿色生活，它的目标是满足人类的基本需要，满足人体健康和社会公平的需要，满足保护生态和环境的需要。这使人民生活更加幸福，更有尊严；社会关系更加公平正义，共同富裕，更加和谐平安；自然结构更加有序，更富生机和活力，建设健康和谐的"人类命运共同体"，实现"人—社会—自然"复合生态系统的稳定、健全和繁荣。

三、高消费后果的生态分析

消费是经济发展的动力，"美国梦"有榜样作用。但是，以美国为典范的物质主义、经济主义、享乐主义的高消费生活，以大量消耗自然资源为前提。它具有资源高消耗和环境高污染的性质，使自然价值严重透支，导致人类社会不可持续发展的严重形势。学术界提出"生态足迹"的理论警示人们，需要从高消费转向适度消费。

"生态足迹"概念最早于1992年，由加拿大生态学家 W. 雷斯提出，1996年由 M. 魏克内格进一步完善。生态足迹是指一定数量人群，按照某一种生活方式，生产和消费所需的物质资料，以及吸纳相应的废弃物，所需要的具有生物生产力的地域空间。它表示地球的生态承载力。一定区域生态足迹如果超过了区域所能提供的生态承载力，就出现生态赤字；如果小于区域的生态承载力，则表现为生态盈余。世界自然保护基金会《2002年生命地球报告》指出，人类对自然资源的消耗已经大大超出地球的再生能力，用"生态足迹"即地球上人类用于生产和生活，如农业、放牧、木材生产、海洋渔业、基础建设用地、吸收温室气体和消解废物等必需的土地面积表示，地球上除冰川覆盖的地面、沙漠和公海等不可用的区域，有110亿公顷可用土地，按世界60亿人口计算，人均只有1.9公顷；但是，1999年，人均生态足迹已经达到2.3公顷，已经超出地球再生能力的21%。如果这种趋势继续下去，50年内，人类生态足迹或可开采的再生资源总量的需要将相当于两个地球。显然，这是无法达到的，是不可维持的。

据报道，以现在全球人均生态足迹2.3公顷做标准，阿联酋以其高水平的物质生活，人均生态足迹9.9公顷，是全球平均水平的4.3倍；美国、科威特人均生态足迹9.5公顷，位居第二；阿富汗以人均0.3公顷生态足迹位居最后。中国排名第七十五位，人均生态足迹为1.5公顷，低于全球平均水平，但是中国人口数量大，人均生态承载能力（自然条件）只有0.8公顷，生态赤字达0.7公顷，高于全球的平均生态赤字（0.4公顷）。

生态足迹大于生态承载能力，生态赤字的地区，发展是不可持续的；生态足迹小于生态承载能力，生态盈余的地区，是可持续发展的地区。科学家报告说，依据生态足迹理论，如果全世界居民都达到美国的生活水平，按照美国的生活方式生活，那么人类生存将需要5个地球。这是不可能的。

第二节　中国消费生活的生态思考

勤劳俭朴是中国人的生活方式。"勤劳"指物质生产中，主要是农业生产；"俭朴"指生活中。当然，两者是相互联系、相互作用和不可分割的，生产中也需要节俭，生活中也需要勤劳。勤劳俭朴的生活，包括物质生活、文化生活和精神生活的所有领域。中国农民有机农业的创造，中国古代科学技术的创造，中国建筑和中国民居，中国人的饮食——中餐，中国人的医疗保健——中医中药，中国人的服饰——唐装，中国的文学、艺术和道德，等等，中国人的生活，包括经济、社会和文化，都可以用"勤劳俭朴"来表述。这是道法自然、简单和谐的生活。中国人从来就是勤劳俭朴的，在考古发掘中，有大量丰富的勤劳俭朴的文物发现；经典文献中，有大量勤劳俭朴的记载和论述。中华民族的勤劳俭朴，已经成为一种习惯，成为一种优秀的传统，至今大多数中国人仍然以"勤劳俭朴"的方式生活和工作。它有伟大的生命力，因为它符合人的本性，符合自然的本性。

一、勤劳俭朴，中国人的生活方式

"勤劳俭朴"，作为中国人的生活方式，是中华民族的优秀传统。中华民族以作为勤劳俭朴的民族著称于世。它是中国人民的宝贵财富。

1. 勤劳俭朴是创造之源和财富之母

勤劳俭朴的生产和生活创造了辉煌灿烂的中华文明，以及中华文明5000年的延续。这是世界文明的奇迹。勤劳智慧的中国劳动者从来就知道，欲求温饱，勤俭为要，勤俭永不穷，坐吃山也空。古语云："一粥一饭，当思来之不易"；"一夫不耕，有受其饥，一妇不织，有受其寒；生之有时，而用之无节，则物必屈。"（《资治通鉴》）；"历览前贤国与家，成由勤俭破由奢。"（李商隐《咏史》）这就是"民生于勤，勤则不匮"（《左传》）。按照勤劳俭朴的优秀传统，中国人的生活，克勤于国，克俭于家，取之有度，用之有节，节则常足。它创造了丰衣足食与自然和谐的境界。勤劳俭朴是中华民族生存和发展的法宝。

2. 约养持生，崇俭抑奢

"约养"指节俭的生活，抑制奢侈。古代哲人老子主张"约养持生，崇俭抑奢"，以自然无为为原则。他认为，人的行为要单纯，心地要纯正，生活要俭朴，过一种淳厚质朴、淡漠静心、同自然完美统一的生活。以勤劳俭朴为美，才是一种幸福的生活。他说，"见素抱朴，少私寡欲"（《老子》第19章），"治人事天莫若啬"（《老子》第59章）。老子认为遵循自然即道法自然的生活，需要丢掉"极端"、"奢侈"和"过分"，他说，"是以圣人去甚，去奢，去泰"（《老子》第29章），是人的生活的"三宝"。人的生活另一个"三宝"是慈善、节俭和无为。他说："我有三宝，持而保之：一曰慈，二曰俭，三曰不敢为天下先。夫慈，故能勇；俭，故能广；不敢为天下先，故能为成器长。今舍其慈，且勇；舍其俭，且广；舍其后，且先；则必死矣。夫慈，以战则胜，以守则固。天将建之，如以慈卫之。"（《老子》第67章）

老子认为，一种宁静祥和的"安平泰"的生活，要抑制各种享乐的诱惑，就同"道"一样平淡又无穷。为此要实施三原则：慈、俭、不敢为天下先，舍弃哪一个原则都不可以。他说："执大象，天下往，往而不害，安平泰。乐与饵，过客止。道之出口淡乎其味，视之不足见，听之不足闻，用之不足既。"（《老子》第35章）宁静祥和的生活，需要抑制过分享乐的诱惑，安平泰的生活，听起来不足道，但用起来是无穷无尽的。这也是庄子所说"平为福"的生活。他说："平为福，有余为害者物莫不然，则财其甚者也。"多余的东西，特别是多余的钱财是祸害，是欲壑难填，天下之至害。

人世间有没有最大的快乐？什么是最大的快乐？怎样去追求快乐？庄子说："夫天下之所尊者，富贵寿善也；所乐者，身安厚味美服好色音声也；所下者，贫贱夭恶也；所苦者，身不得安逸，口不得厚味，形不得美服，目不得好色，耳不得音声。若不得者，则大忧以惧。其为形也亦愚哉！夫富者，苦身疾作，多积财而不得尽用，其为形也亦外矣。"（《庄子·至乐》）天下人尊崇富有、显贵、长寿，追求安逸、美食、华丽的服饰、绚丽的色彩、美妙的音乐，为贫穷低下而苦恼，这太愚昧了。富有的人，劳苦身体，积聚了许多钱财又不能充分享用，这是没有意义的。"天无为以之清，地无为以之宁，故两无为相合，万物皆化生。"（《庄子·至

乐》）

老子认为，以追求物质欲望为乐，盼望享尽天下之美，权势、珠宝、声色、安逸、奢华等，这是愚蠢的，他说："五色令人目盲，五音令人耳聋，五味令人口爽，驰骋畋猎令人心发狂，难得之货令人行妨。是以圣人为腹不为目，故去彼取此。"（《老子》第 12 章）缤纷的色彩使人看花了眼，美妙的音乐使人听觉失聪，丰富的美食伤了人的口味，驰马打猎使人精神放纵，珍贵的物品使人行为不轨。所以，圣人求温饱不求耳目享乐。道家主张无欲，"知足常乐"，"知足不争"，这才是快乐，这才会有幸福。

3. 勤劳俭朴的生活以公平为原则

只有一个地球，自然资源是有限的，大家公平地分享地球资源，才能共存共建共享衣食无愁太平盛世的世界。勤劳俭朴的生活以公平为主要原则。这是非常重要的道德原则。

道家主张，平为福，约养持生，以"道"的原则，以满足基本生存需要为标准，需要公平。在这里，道家关于"无欲""知足寡欲"的说法主要是针对统治者的；对于百姓，基本生活需要都难以满足，他们的理想是，"甘其食，美其服，安其居，乐其俗"。

庄子说："平为福，有余为害者物莫不然，而财其甚者也。"公平是福，多余是害，万物都是这样；财物的公平于人是更加重要的。因而，"必持其名，苦体绝甘，约养以持生"。为此，他提出生活的 5 项要求：①"不侈于后世，不靡于万物"，不奢侈、挥霍和浪费；②"不累于俗，不饰于物，不苟于人，不忮于众，愿天下之安宁以活民命，人我之养毕足而止。"不为世俗所累，以温饱满足为标准；③"公而不党，易而无私……齐万物以为首。"公正而不结党，平易而不偏私，齐同万物；④"以本为精，以物为粗，以有积为不足，淡然独与神明居。"以道为精髓，过恬淡自然的生活；⑤"芴漠无形，变化无常，死与生与，天地并与，神明往与！"不沉湎物俗，不拘泥于一端，与天地和谐相处。（《庄子·盗跖》）

4. 勤劳俭朴是好和善，一种高尚的道德生活

中国传统文化中，"俭，德之共也；侈，恶之大也"（《左传》）。《易经》说："甘节，吉。"甘于节约，乐于勤俭，这是一种美德。道家主张"重生轻利"，过一种纯朴的生活，在满足生存的基本需要的基础上，重视满足文化精神上的需要。庄子说："能尊生者，虽富贵不以养伤身，虽贫贱不以利累形。今世之人虽居高官尊爵者皆重失之，见利轻亡其身，岂不惑哉？"（《庄子·让王》）尊重生命的人，虽然富贵也不因贪恋俸养而伤害身心，虽然贫贱也不会因追求利禄而累伤身体。但是，身居高官尊贵的人，却把既得利益看得非常重要，见利就不顾性命舍身追求，这不是太糊涂了吗？他还说："道之真以治身……今世俗之君子，多危身弃生以殉物，岂不悲哉！"（《庄子·让王》）"道"的真谛是用以养身，舍弃生命追逐身外之物，是可悲的；尊重生命的人，富贵也不能伤害身心，贫困也不能伤害身体，不顾生命追求物欲，是糊涂的；得道的人，要忘却利禄，忘却物欲，尊重生命，淡泊名利。"修之身，其德乃真"，保持自然德行的充实完善，获得生命充分发展，才是真正的"厚德"之人。

二、中国"消费革命"的生态思考

中国长期的农业社会实行"自给自足"的生活。近代以来，先进工业化国家用炮舰打开中国市场，中国经历近百年的"洋货"时代。30多年来，中国迅速实现工业化，经济革命推动中国进入现代消费时代，被称为"中国消费革命"。中国经济崛起，几千万中产阶级成为消费市场主力军，中国消费者崛起，是重大的国际事件，具有全球性的意义。

1. 中国经济革命推动"消费革命"

消费生活由生产力水平，以及社会财富分配制度决定。

改革开放以来，中国迅速实现工业化，经济崛起，国家富强，人民丰衣足食，产品充裕，市场繁荣。我国国内生产总值10.8万亿美元（2016），成为世界第二大经济体。许多人已经不是万元户，不是十万元户，而是百万元、千万元甚至亿元户，中国的富豪同美国的富豪差不多，

胡润富豪榜上，20 亿元以上富豪 1577 人，百亿元以上富豪 311 人。中国富豪的人数仅次于美国，居世界第二位。

中国人均 GDP 达 6807 美元（2013），已经成为中等收入国家。但是，人均 GDP 不仅远远低于发达国家，比美国人均 GDP 53 024 美元，差距 46 217 美元；而且低于世界人均 GDP 10 613 美元，差距 3806 美元。中国不能说已经是富裕国家。

现在，推动中国"消费革命"的主要有 3 种人：一是富豪。亿万元的资产者有无限的消费能力。二是中产阶级。瑞士《全球财富报告》（2016）说，中国中产阶级人数达 1.09 亿名，已经超过美国 9200 万名，成为中产阶级人数最多的国家，居全球第一位。他们月收入 4.5 万元以上，进入消费市场，被称为推动了一次"消费革命"，潜力无限，到 2020 年之前，有望产生 2 万亿美元的消费市场。这两部分人成为中国高消费的主力军。三是被称为"80 后"、"90 后"和"00 后"的新时代消费者。他们平均年收入超过 2.4 万美元（15.6 万元人民币），他们的生活消费，以喜爱网购和敢于消费为特征，乐于通过电子商务将收入转化为消费，并把收入花在基本需求以外的方面，被称为"全渠道消费者"。据调查，他们中不经认真考虑就购买奢侈品的占 28.6%。他们认为"善于花钱，也更擅长赚钱"，格言是"会花才会赚"。这 3 种人群是中国"消费革命"的主力军，被认为是"中国经济的重要驱动力"。说这是"消费革命"，实际上，只是消费形式的变化，它主要仍然是工业文明的高消费的生活方式。

富人们不仅在中国购物，而且在全球购物，主要不是在商场购物，而是在网上购物，形成高消费的新形式。据报道，2015 年，天猫"双 11"全球购物狂欢节，阿里巴巴集团一天的总成交额达到 912 亿元，比 2014 年 571 亿元多出 341 亿元，打破了"24 小时单一公司网上零售额最高"吉尼斯世界纪录，其中牛奶、坚果、苹果等 8 种商品的销量也刷新了吉尼斯世界纪录。2016 年 3 月 20 日，阿里宣布，截至当前的 2016 财年电商交易额（CMV）已突破 3 万亿元人民币。它被称为"世界商业史的一个里程碑"，有望超过沃尔玛成为全世界最大的零售平台。网上购物正在改变整个供应链，被称为"引领消费新趋势，培育消费拉动的经济"。① 报道说，2015年，中国消费者在亚马逊全球站点购物花费总额同比2014年增加了6倍多，仅2015年1—10月，中国消费者在亚马逊海外站点的购物花费总额已经相当于过去20年的总和。

南方周末网站发表《消费革命："中国妈妈"坐买全球》（2016年1月7日），报道说，夫人们坐在家里，不用去超市就可以买到各种各样的商品，不用出国就可以购买各种各样的"洋货"，2015年，有35%的中国网购消费者，虽然没有出过国，但有过海淘经历。中国消费者购买力嫁接海外高品质产品，从奶粉、纸尿裤、食品、洗护用品、玩具，拓展到全家人的衣服鞋袜、化妆品、保健品等等。电商数据表示，2015年"双11"期间，天猫国际海淘用户数量翻了7倍，支付宝海淘单日成交额16.9亿元人民币，同比增长247%，成交笔数1010万笔，同比增长400%。京东宣布，黑色星期五（11月27日）当天，京东全球购订单数量比上年增长超过180%，跨境电商交易规模为2万亿元人民币，同比增长42.8%。2015年全年我国跨境电商交易规模达5.4万亿元人民币。这种消费形式被称为"消费结构升级"，生存型消费转向服务型消费，因而是一场消费革命。这表明，中国增长模式出现了历史拐点，消费贡献率开始超过投资贡献率，消费取代投资成为拉动经济增长的第一引擎。

新加坡著名学者郑永年指出："更重要的是要建设内部消费社会。中国居民的消费能力很强，但国内供给不足，只好到外部消费。从各种名牌包、服装到技术含量较高的马桶盖、电饭煲、安全套和感冒药都要去国外买。这是对中国制造业的巨大讽刺。中国商品在质量、品牌等方面存在瓶颈，不能适应消费者的需求。"②

2. 中国消费生活的两种趋势

实际上，上述3种人群的高消费不是真正的消费革命。它是工业文明

---

① 于嘉：《科技创新助推中国经济转型》，《参考消息》，2016年4月8日。
② 郑永年：《中国应从六领域增加有效供给》，《参考消息》，2016年3月14日。

生活方式的消费模式。因为它有许多并不是为了基本需要，这是过度消费，有的是为地位而购物，有的是为"炫富"而购物，有的"为购物而购物"。这是一种异化消费。例如，有钱人兴起的高消费浪潮中，大吃大喝之风、金钱至上之风、炫耀财富等等。《参考消息》2016 年 3 月 30 日报道，福建莆田一名新娘的盛大婚礼，嫁妆包括别墅、商铺、保时捷名车、金行股份、88 万元现金，床上铺着现金砖，尽显豪华。美国《纽约时报》说："就奢侈品而言，中国依然领先。"对中国消费者来说，奢侈品是财富和地位的象征。2015 年，中国的奢侈品消费额为 1168 亿美元。①

经济发展，居民收入提高，要求提高生活质量和优质服务。这是自然的。我国已进入消费需求持续增长、消费结构加快升级、消费拉动经济作用明显增强的重要阶段。但是，现在中国人的消费生活，实际上有两种趋势并存，一是大多数人勤劳俭朴地生活，有许多人生活于温饱线，甚至许多人消费不足；二是少数人的高消费和过量消费。这两种情况同时存在。从建设生态文明的角度，生活方式需要转型，当前有两项主要任务：一是解决贫困者消费不足的问题，满足人民的基本需要；二是抑制"异化消费"和过量消费，提倡"绿色消费"。

3. 消费促进经济转型

我国经济转型、促进经济增长由主要依靠投资和出口拉动，向依靠消费、投资和出口三者协同拉动转变。投资和消费不平衡是当前经济结构性问题。居民消费增长是经济发展重要动力。工业化发达国家重视消费对经济发展的拉动作用，例如德国家庭消费占国内生产总值的 57%，美国家庭消费占国内生产总值的 70%。我国需求结构中投资率偏高、消费率较低，2006 年家庭消费只占国内生产总值的 36%。过度依赖投资和出口，家庭消费比例偏低。2015 年，中国第三产业在国民生产总值的比重已经超过 50%，消费对中国经济增长的贡献已经达到 66%，消费第一次成为重要动力。

① 《中国奢侈品市场依然领先全球》，《参考消息》，2016 年 4 月 7 日。

有的学者指出，过去投资与消费不平衡，居民生活不能随着经济快速增长而同步提高，导致国内市场规模受限，生产能力相对过剩。消费率的持续下降，还对扩大内需造成严重制约，使得经济增长对出口的依赖程度不断提高。外贸顺差过大和国际收支盈余过多，还会造成国内资金流动性过剩，反过来又助长了投资的高增长。因此，无论是着眼于改善民生，还是着眼于产业结构调整和国际收支平衡，都要坚持扩大国内需求，鼓励合理消费，把经济发展建立在开拓国内市场的基础上，形成消费、投资、出口协调拉动经济增长的局面，促进国民经济良性循环和人民生活水平不断提高。现在，中国的巨大市场已经成为第一优势，扩大国内需求，鼓励合理消费，促使"消费经济体"的形成并具有更强大的力量，中国潜力发挥已成为世界最大消费经济体，国际第一大市场。这样，从"出口经济学"转变为"消费经济学"，我国就会有更强大的经济力量，并且具有带动全球经济发展的意义。

从生态文明的价值观，发挥消费对经济发展的拉动作用，需要注意"削高补低"。一是减少和抑制过量消费和奢侈消费。现在极少数"先富起来"的人的高消费是极不正常的，它成为国际高档奢侈品市场，不断推高高档酒价，涌现各种挥霍浪费的风气；同时，国人的浪费型消费，报道说，城市舌尖上的浪费可供2亿人一年消耗的粮食，也许有点夸大，但确实达到不可容忍的程度；但是，人类生活以满足基本需要为标准，不要追求过高（奢侈）、过大、过全，高消费造成资源浪费、生态破坏和环境污染，地球没有能力支持70亿人高消费的生活。二是补足穷人被迫的消费不足，解决广大居民的温饱问题、居住条件、医疗卫生服务、孩子上学、社会保障等基本生活问题。这是当前我国消费生活中的主要问题。

消费不足与过度消费的巨大差距，根源在于社会资源分配不公平，居民收入存在巨大差距，出现严重的两极分化现象。解决许多人消费不足这一经济生活的重要问题，需要调整我们的经济政策。为此，①需要完善收入分配政策，持续增加多数城乡居民收入，缩小居民收入差距；②需要提高居民收入在国民收入分配中的比重，提高劳动报酬在初次分配中的比重，着力提高低收入者收入，扩大中等收入者比重，使大多数人共享经济发展的成果，我国的基尼系数已接近 0.5，收入分配不平等已达到"警戒线"；③加大解决"三农"问题的力度，提高农民收入，改善农民的生活，对扩大内需的经济发展拉动作用具有重要意义。据报道，我国现在极少数人占有国家的绝大部分财产，有特权的人的年收入是当地城市人均年收入的 8～25 倍，是当地农民人均年收入的 25～85 倍；我国 6 亿农民、2 亿农民工、3 亿多低生活水准者、4000 万失地农民、3000 万上访者、2000 万农村留守儿童、2000 万打工子弟、6000 万残疾人、2 亿工人，他们占中国人口的大多数，收入低、消费不足是普遍的，提高他们的收入，增加他们的消费，这是拉动内需的重要举措。这是"三个转变"中的首要之处。

促进经济增长由主要依靠增加物质资源消耗，向主要依靠科技进步、劳动者素质提高、管理创新转变。全面提高自主创新能力，促进科技成果向现实生产力转化。按建设创新型国家的要求，推动国家创新体系建设，支持基础研究和前沿技术研究，特别是节能减排的科学技术研究和应用，提高劳动者科技文化素质，提高社会管理创新水平。靠科技进步、劳动者素质提高和管理创新带动经济发展。必须把节能减排作为重要措施，按照建设资源节约型、环境友好型社会的要求，抓紧完善有利于节约能源资源和保护生态环境的法律和政策，加快形成可持续发展体制机制，实行最严格的土地管理制度，健全节能、节水、节材机制。要大力开发和推广节约、替代、循环利用和治理污染的先进适用技术，发展清洁能源和可再生能源，保护土地和水资源，加快建设科学合理的能源资源利用体系，提高能源资源利用效率。要加大污染治理力度，实施好节能减排和环境保护重点工程，重点加强水、大气、土壤等污染防治，积极控制温室气体排放，让人民群众喝上干净的水、呼吸上清洁的空气、吃上放心的食品，在良好的环境中生产生活。

4. 中国"消费革命"的世界意义

中国"消费革命"势头火爆，用于休闲、娱乐、旅游、保健、网购的支出大幅增长。

有的记者报道说，中国消费者"爆买日本"；① 有的记者说，中国消费
"助推澳大利亚经济转型"；② 有的记者说，中国人消费信心"惊人地强
大"；③ 有的记者说，中国旅游者在世界各地"爆买世界"，"中国出境游
拉动亚洲零售业"。④ 如此种种，表现了中国这一"消费大国"潜力无
限。⑤ 中国消费者的购买，令许多世界著名的跨国大企业无比高兴。美国
媒体报道说，中国现在是 124 个国家的头号贸易伙伴，是美国（62 个国家
的头号贸易伙伴）的两倍。中国视新西兰为食品供应者，澳大利亚为铁矿
石来源地，赞比亚为金属中心，坦桑尼亚为航运枢纽。中国消费是世界经
济的重大推动力量。⑥

评论界认为，中国日益扩大的消费，将推动中国消费经济的转型。中
国经济发展从投资导向和出口驱动，转向国内消费驱动。虽然，经济增长
率下降，但是，消费对中国经济增长的贡献率达到 66.4%（2015）。因而，
维持中国经济对世界经济的贡献率仍然信心满满。

同时，美国媒体称"中国是唯一重要的新兴市场"，中国出口占全球
市场的 14.6%。⑦ 中国"消费革命"具有重要的世界意义。

（1）世界上人口最多的国家工业化快速发展，生产性消费，大量购买
中东、澳大利亚、西亚、拉丁美洲和美洲的石油、天然气和煤炭，大量购
买铁矿石、铝矾土和其他矿产品，工业原材料的世界性采购，支持和推动
这些地区的经济增长。"中国制造"，中国商品世界性销售，改善了世人的
生活。世界上人口最多的国家走向消费时代，中国人购买世界各地的产
品，中国"消费革命"成为驱动世界经济的一个动力。中国出境游人次
2014 年突破 1 亿大关，2015 年创 1.09 亿新高，推动世界消费增长每年

① 《"爆买日本"引发热烈讨论》，《参考消息》，2016 年 3 月 14 日。
② 《中国"经济革命"助推澳大利亚经济转型》，《参考消息》，2016 年 3 月 29 日。
③ 《中国人消费信心"惊人地强大"》，《参考消息》，2016 年 3 月 29 日。
④ 《中国出境游拉动亚洲零售业》，《参考消息》，2016 年 4 月 5 日。
⑤ 《中国"消费大国"潜力无限》，《参考消息》，2016 年 3 月 29 日。
⑥ 帕拉格·康纳：《中国热衷"不用即失"战略》，《参考消息》，2016 年 4 月 13 日。
⑦ 马特·奥布赖恩：《中国是唯一重要的新兴市场》，《参考消息》，2016 年 4 月 3 日。

2290 亿美元，特别是亚洲，2015 年中国旅游者购买韩国奢侈品 800 万美元，在泰国的开支为 54 亿美元。中国"消费革命"具有推动世界经济的意义。

（2）中国"消费革命"，从产品生产到消费，从制造品生产到末端的整个产业链，都会对环境造成压力。现在，中国成为环境污染最严重的国家之一。中国的环境状况具有全球性意义。美国总统说，中国人要像美国人一样生活，需要好几个地球。

（3）中国高消费并不是真正的"革命"。它是工业文明生活方式的表现。高消费替代自给自足的农业文明的消费是革命。它是先进的工业国家实现的。美国人的生活是它的榜样。中国"消费革命"是它的一种表现形式。

现在，中国人民走向建设生态文明的道路，实施生态文明建设"五位一体"的发展战略，创造生态文明的生产方式和生活方式，在消费领域从"高消费"走向"绿色消费"，这是真正的消费革命。中国创造和实行绿色消费的生活方式，以"绿色消费"点亮世界消费生活的未来。它具有伟大的世界意义。

第三节　绿色生活：生态文明生活的生态设计

2016 年 3 月，国家发布发展改革委等 10 部门制定的《关于促进绿色消费的指导意见》，要求加快生态文明建设，推动经济社会绿色发展，倡导和促进绿色消费、绿色生活方式和消费模式。文件指出：绿色消费，是指以节约资源和保护环境为特征的消费行为，主要表现为崇尚勤俭节约，减少损失浪费，选择高效、环保的产品和服务，降低消费过程中的资源消耗和污染排放。全面贯彻党的十八大和十八届三中、四中、五中全会精神，加快推动消费向绿色转型，到 2020 年，绿色消费理念成为社会共识，长效机制基本建立，奢侈浪费行为得到有效遏制，绿色产品市场占有率大幅提高，勤俭节约、绿色低碳、文明健康的生活方式和消费模式基本形成。

一、绿色消费是生态文明的生活方式

工业文明的消费生活，以高消费为主要特征。这是一种过度消费，它大大超过人的基本需要，成为"异化消费"。它不仅没有为人类带来快乐、幸福和安康，而且对地球生态系统造成严重损害，是不可持续的。绿色消费是一种遵循大自然法则，简朴、快乐和健康的生活。它以保护生命，节约资源和保护环境为特征；它崇尚勤俭节约，减少损失浪费，选择高效的产品和服务。这是符合人的本性，符合大自然的本性的消费；它是有利于人类的生存、享受和发展，即有利于人类可持续发展的消费；它是有利于保护环境，有利于地球生命持续发展的消费；它是有利于建构"人—社会—自然"完整的生命共同体的生活方式。

1. 简朴的生活，以满足人的基本需要为标准

简朴生活，是指以获得基本需要的满足为目标，以提高生活质量为中心的适度消费的生活。"生活质量"是指"人的生活舒适、便利的程度，精神上所得到的享受和乐趣"。在这里，"简朴"与豪华、奢侈和挥霍相比较，豪华、奢侈和挥霍并不舒适和便利，而是辛苦和不自在。简朴生活拒绝高消费，抑制贪欲和浪费，反对豪华、奢侈和挥霍，以节约为本。勤劳俭朴是中华民族的优良传统，我们的生活要继承这种传统。

2. 低碳的生活，崇尚勤俭和节约

地球变暖威胁的严重性，人们重新审视自己的生活方式，提出"低碳经济"和"低碳生活方式"，需要从高消费的生活走向简朴生活。2003年人大政府工作报告中指出："积极应对气候变化，大力开发低碳技术，推广高效节能技术，积极发展新能源和可再生能源"，转变观念发展低碳经济，低碳产业和低碳生产，低碳化成为一种生活方式。"低碳生活"是一种简朴的生活，低消耗和低能耗，低排放和低污染的生活。它作为一种新的生活方式，不是以消费多少钱表示，而是以减少能量消耗，以降低二氧化碳的排放量表示。它一方面需要靠提高人的道德素质，自觉承担社会责任和自然责任实施；另一方面，以税收的形式加以驱动。消费生活支付一定的赋税是有理论支持的。因为自然资源和环境质量是公有财产，它们是有价值的，生活消费自然资源，消耗环境质量（碳排放增加），是自然价值消耗，支付相应的赋税，这是完全合理的。低碳生活将引起生活方式的巨大变化。

低碳生活是简朴生活，它成为生活新时尚，低碳生活成为历年"两会"最为热门的关键词。每年 3 月 27 日"地球一小时"，这天自晚上 8 点起，全球 4000 多个城市熄灯一小时，用以提高人们低碳节能的意识，促进低碳理念低碳生活蔚然成风。

3. 公正的生活，推崇消费平等公正

从建设生态文明的角度，生活方式转型主要有两个方面的任务：一是解决大多数人消费不足的问题，满足他们的基本生活需要；二是解决"异化消费"的问题，抑制高消费和过度消费。现代消费生活，高消费与消费不足，豪华别墅与"蜗居"，两种生活同时存在，有极大的反差。这是由收入差距决定的。世界最富的 20% 的群体收入平均占社会总收入的 47%，世界最穷的 20% 的群体收入平均占社会总收入的 6%。如下的数字反映中国贫富差距问题：

——2005 年，世界 134 个国家基尼系数平均为 0.40，中国为 0.42。

——中国最低工资是人均 GDP 的 25%，世界平均值为 58%。

——中国劳动工资占 GDP 的比例，1989 年为 16%，2003 年为 12%。

——中国劳动报酬的份额占国民净产值的 25% ~ 30%；资本报酬的份额占国民净产值的 70%。这里的问题是：劳动者创造了价值，但没有财富；有钱人（资本家）占有巨大财富；劳动工人辛勤建造了高楼大厦，自己只有"蜗居"；劳动者创造了繁荣的经济，生产者创造了丰富的产品，为有钱人的高消费和过度消费创造了条件，而自己却买不起产品，常常消费不足。两者反差非常突出。

这是不公正的。当然，不是要求均贫富，而是要求公正，按照社会主义的分配原则，多劳多得，少劳少得，这才是公正的。

生活方式公正是道德问题，社会责任的问题。在社会生产领域，企业追求最大利润，以牺牲环境为代价；或者以牺牲劳动者的利益为代价增值利润，这是不符合道德的，违背了社会责任，违背了自然责任。在社会生活领域，有钱人的高消费和过度消费，这也是不符合道德的，违背了社会责任，违背了自然责任。社会主义的基本原则是共同富裕，节制资本，对劳动者和自然环境进行补偿，实行简朴生活、绿色生活、低碳生活和公正生活。

全球消费史表明，社会越平等—消费越繁荣—经济越发展，这三者是相互关联相互促进的。著名历史学家弗兰克·特伦特曼在《物品帝国：从15世纪到21世纪，我们如何缔造消费世界》一书中指出：人类历史上，社会比较平等的时期，社会消费就更加繁荣，例如"二战"后社会福利发展推动了大众消费。消费和平等的关系是，消费社会的增长肯定同阶级区别的削弱齐头并进。现在，"在东方和西方，不平等都在阻挠增长，也在阻挠消费"。在全球范围内，低收入导致需求低迷，这加剧了贸易不平衡并让投资者恐慌。在西方，各国政府很大程度上没有能力避免收入下降、年轻人的高失业率和经济停滞。①

生态文明的公正消费，将推动"社会越平等—消费越繁荣—经济越发展"的历史进程。

二、绿色消费的主要特征

绿色消费的主要特征：在物质消费中，偏爱和推崇绿色产品；享受方面，在满足生命基本需求的基础上，重视精神和社会需求的满足。

所谓"绿色产品"，是指它的生产和消费对人体健康和自然生态无害，符合生态保护要求的产品。例如绿色食品，是无污染、安全和富有营养的食品。它的环境标准包括：食品原料产地具有良好的未受污染的生态环境；食品原料作物的生产过程，以及水、肥、土等条件符合无公害（无污

---

① 维多利亚·德格拉齐亚：《首部全球消费通史》，《参考消息》，2016年8月2日。

染）的标准；产品的生产、加工、包装、储藏、运送的全过程符合食品卫
生法规。因而宏观世界是高质量的食品。此外，如生态时装、绿色汽车、
绿色电器、生态房屋、绿色家庭、生态饭店、生态旅游、生态银行等等。
绿色消费成为生活新时尚，引导一个新兴市场——绿色市场。在绿色市场
上，商品以贴有"环境标志"或"绿色标签"表示它是绿色产品。

现在，绿色生活并不仅仅是一种定义，它已经是人们的生活要求，生
活目标，生活实践，一种新的生活方式。一种亲近自然，注重环保，尊重
生命，关爱社会，分享快乐，身心健康的有机生活。2010 年 3 月，北京市
发布《绿色北京行动计划（2010—2012）》，立足于北京区域功能定位和城
市总体规划要求，重点围绕能源、建筑、交通、大气固体废物、水、生态
等领域，实施九大绿色工程，建构生产、消费、环境三大绿色体系，建设
绿色北京。

1. **绿色消费是人类的生活目标**

人类的目标是生存、享受和发展，只有绿色生活才符合这种目标。实
现这种目标是经济社会发展的动力。

现代社会认为，高消费是生活目标，是经济发展的主要动力。但是，
鼓励高消费，在高新技术支持下，实行大量生产、过量消费和大量废弃的
生活，地球没有能力支持这种生活。它是不可持续的。我们对"消费是经
济发展的动力"要有全面的理解。经济发展的动力虽然需要通过消费实
现，但是我们需要思考，需要什么样的"需要"，从而进行什么样的"消
费"，都是正确和合理的吗？

绿色生活的目标是，人民生活更加幸福，更有尊严；社会关系更加公
平正义，共同富裕，更加和谐平安；自然结构更加有序，更富生机和活
力，建设"人—社会—自然"复合生态系统的稳定、健全和繁荣。

2. **绿色消费符合人对美和幸福的追求**

美国加利福尼亚大学心理学家总结了 51 项心理实验，提出"幸福五
大法则"：第一，学会感恩，感谢所有帮助了你的人；第二，学会乐观，
有一种乐观思维；第三，经常回忆日常生活中美好的事情，会给自己带来

满足感；第四，找到自己最大的优点，并尽量发挥它们；第五，学会帮助他人，帮助他人就是帮助自己。

什么是美？什么是快乐和幸福？现代社会的消费价值观认为，"消费更多的物质是好事"；"增加、拥有和消费更多的物质财富就多一分幸福"；"充分享受更丰富的物质即为美"；它的口号是"更多、更大、更好"；它的实践是高消费。

实际上，高消费或过度消费并不能给人带来更多的幸福，或者说，幸福感并不随着消费的增加而增加。英国经济学家指出，炫耀性消费降低民众的幸福感。柯蒂斯·伊顿和穆凯什·埃斯瓦兰依据他们创建的数学模型提出一种理论：一个国家的生活水平一旦达到某一合理标准，财富的继续增加非但不会给其人民带来更多的益处，相反还可能会让民众感到更不幸。他们说："炫耀性消费不仅会影响人们的幸福，还会损害经济发展的前景。"现在，发达国家对财富的痴迷没有任何消退的迹象。他们预言："炫耀性消费可能会随着时间推移而变本加厉。"社会公平正义才会有幸福，平等是幸福的基础。

中国话说"知足常乐"，"事能知足心常惬，人到无求品自高"。生活消费品足够就可以了，不必更多、更大。清朝李密庵写了《半半歌》，认为幸福恰到好处的底线是"半"，"看破浮生过半，半之受用无边，半中岁月尽幽闲，半里乾坤宽展……半少却饶滋味，半多反厌纠缠。百年苦乐半相参，会占便宜只半。"

继承中华民族的优良传统，绿色生活是我们需要的简单宽容的生活、健康舒适和安全的生活、幸福和美的生活、和谐平安的生活。

三、绿色消费，一种更高级的生活结构

简朴生活、低碳生活和公正生活，是一种可持续的绿色生活方式。它的目标是可持续发展。它是一种有意义的生活，道德高尚的生活。它的主要意义是：对于个人是简单、方便和舒适；对于社会是高尚、公正和平等；对于后代是爱、责任和希望；对于自然是热爱、尊重和奉献。可持续

的生活，既要满足人（现代人和子孙后代）的基本需要，人的生存、享受和发展的需要，又要满足保护地球生态系统，保护生物多样性的需要。人类消耗自然资源的速度和深度要维持在地球生态系统可承受的范围内，为现代人的幸福生活，为子孙后代的福利，为地球上千百万物种，共存共荣共享地球资源，为千秋万代开太平。绿色消费是一种更高级的生活结构。

1. 人类绿色消费的路线图

人类绿色可持续消费需要社会的强力支持，在生态文明价值观的指导下，确立公正平等的社会关系，发明创造绿色的高新技术，发明创造绿色的生产工艺，壮大绿色企业，进行绿色制造和绿色生产，开发绿色市场，动员绿色消费。反过来，绿色消费推动绿色市场，绿色市场以绿色消费为动力，推动绿色制造和绿色生产的发展，绿色制造和绿色生产推动绿色科技的发展，它们推动生态文明价值观和社会关系的巩固和发展。这是从人类消费开始的一场革命。它从绿色消费开始，通过绿色贸易（绿色市场），推动绿色科学技术发展，推动绿色生产和绿色制造，形成绿色消费的浪潮。绿色消费建构的路线图是：绿色消费—绿色技术—绿色制造—绿色产品—绿色市场—绿色采购—绿色消费；反之，绿色消费—绿色采购—绿色市场—绿色产品—绿色制造—绿色技术—绿色消费。这是相互联系、相互作用、相互依赖、良性循环发展的绿色生活的完整体系，形成新的生活方式。绿色科技，如创造生态工艺，实现能量分层利用、物质循环利用的循环经济的生产；创造低碳技术，如生物工程技术创造彩色棉、新材料技术发明了替代钢材和其他金属的材料等；创造绿色能源和节能的生产和工艺，如太阳能、风能和核聚变能等；增加碳汇的技术，提高二氧化碳的吸收（森林、草地和农田吸收二氧化碳的量）、储存和利用，等等。

绿色制造和绿色生产，政府和公众支持、鼓励和奖赏企业进行绿色制造，生产绿色产品，发展循环经济。绿色市场，通过绿色消费，鼓励和支持绿色营销和绿色采购，包含有机食品、天然化妆品、服饰、住宅、家具、酒店设备等等。从科学技术到产品生产，从产品到市场，从市场到生活消费，形成绿色生活的完整结构，推动可持续发展的生活方式从低级向高级不断发展。

2. 绿色可持续的消费是一种更高级的生活结构

关于"可持续消费"，联合国环境规划署 1994 年《可持续消费的政策因素》报告提出的定义是："提供服务以及相关的产品以满足人类的基本需求，提高生活质量，同时使自然资源和有毒材料的使用量减少，使服务或产品的生命周期中产生的废物和污染物最少，从而不危及后代的需要。"作为一种新的生活方式，它强调人的基本需要和生活质量，以及后代的利益。2010 年全国人大审议政府工作报告时指出，巩固和扩大传统消费，积极培育信息、旅游、文化、健身、培训、养老、家庭服务等消费热点，促进消费结构优化升级。绿色可持续消费的主要特征是：简朴生活、低碳生活和公正生活。

（1）它以知识和智慧的价值代替物质主义的价值。工业文明的消费生活，推崇物质财富和过度的物质享受，以高消费体现社会地位和事业成功。生态文明消费生活，物质需求以满足基本生活需要为标准，足够就可以了，不必最高最大最好；社会生活和精神生活是更加重要的。

它的价值观是：拥有、利用、消费知识和智慧高的商品是符合时代的行为；创造知识和智慧高的商品成为经济增长的重要动力；发明、制造、销售知识和智慧高的商品的企业大行其道、蓬勃发展；知识和智慧高的商品成为更受消费者欢迎的畅销商品，成为真正的名牌；发明、制造、销售知识和智慧高的商品的人受到社会的尊敬，成为体面的人。

（2）以适度消费取代过度消费，以简朴生活取代奢侈浪费。"简朴"以满足基本生活需要为标准，青睐绿色产品。

（3）以多样性取代单一性。不同地区、不同社会层次的人，有不同的生活方式，不同的消费需求，厂家和商家要生产和销售多样性的商品，以满足消费需求多样化，商品和服务种类、质量和数量多样化，适应消费者的个人兴趣和爱好，人们有更多的选择消费的自由，有利于消费者发挥个性自由和全面发展。

但是，现代社会"多样性是效益的敌人，单一性统治一切。大规模的批量生产在世界各地规定着消费尺度。这种强制统一的独裁统治比任何一种统治都更具横扫千军的力量。它迫使整个世界奉行同一种生活模式，这种生活模式像复制模范消费者一样再造人类"。这已经不合时宜了。

（4）消费生活从崇尚物质转向崇尚社会和精神需求。简朴的物质生活和丰富的精神生活，它超越物质主义和享乐主义，崇尚社会、心理、精神、审美的需求；参加科学和艺术活动，旅游、娱乐和艺术欣赏。

一定的社会生活、道德生活和信仰生活。这是更符合人的本性，更符合自然本性，更适应时代的潮流，是有更高生活质量的新生活。简朴生活、低碳生活和公正生活，这是更高级的生活结构，是可持续发展的生活方式。以这种生活方式生活是建设生态文明的需要，是新生活的潮流。

绿色，代表生命、健康、活力和希望。这是时代的潮流。我国经济快速发展、人民生活水平不断提高，已进入消费需求持续增长、消费拉动经济作用明显增强的重要阶段。生态文明建设中，绿色消费具有巨大发展空间和潜力，传承中华民族勤劳俭朴的优秀传统，顺应消费升级趋势，培育新的经济增长点，缓解资源环境压力，建设伟大的国家，实现伟大的中国梦。这是中国道路和中国力量的表现。这是中国的希望！

第七章　人口：中国新人口问题的
生态哲学思考

人口是社会的主体，又是一种重要的社会生产力。人口生产力创造人才资本，是推动社会发展和进步的伟大力量。人口快速增长是工业文明的伟大成就。但是，同工业文明的所有成就有负面问题一样，人口快速增长对自然环境和经济发展形成巨大压力。这就是所谓"人口问题"，发达国家的学者称为"人口炸弹"。为了这颗炸弹不在中国爆炸，政府把计划生育列为国家的基本国策，实行"一对夫妇只生一个孩子"的政策。这是人口生产的一种设计。党的十八大五中全会调整这种设计，改为"一对夫妇可以生两个孩子"。2015 年 12 月，全国人大常委会审议计划生育法草案，提倡奖励一对夫妇生育两个子女，延长生育假奖励和其他福利待遇。这是为应对新的人口问题而做出的人口政策调整。

第一节　工业文明的人口生产的生态学分析

工业文明以科学技术进步为主要特征。它区别于农业文明时代自给自足的小农经济，生产和产品非常有限，只能养育不多的人口。现代科学技术推动工业化发展，社会物质生产工厂化、规模化、自动化、电气化和商品化，使得生产和产品极大地丰富了。它使人口生产出现两个重大变化，一是工业化发展需要大量劳动力，对人口生产提出要求；二是产品极大的丰富能够养育更多的人口。这两种变化导致世界人口以前所未有的速度增长。

一、工业文明的人口生产的伟大成就

渔猎时代，全世界的人口只有 500 万~1000 万；农业文明时代，世界人口已增长至 3 亿；至 1800 年，全世界人口达到 10 亿。这是农业文明的人口生产的最高成就。世界工业化以来，马克思和恩格斯说"仿佛用法术从地下呼唤出来的大量人口"。这个"法术"就是现代科学技术成就应用于社会物质生产，自然力的征服，机器的采用，化学在工业和农业中的应用，轮船的行驶，铁路的通行，电报的使用，整个大陆的开垦，河川的通航。它的人口学意义是：第一，所有这些事业的发展，要求大量劳动力，对增加人口提出迫切的要求；第二，工业和农业发展，生产了非常丰富多样的产品，满足人类不断增长的需要，能够在更高的水平上满足不断增长的人口的需要。两者相互促进，造就了工业文明的人口生产的伟大成就，1974 年世界 40 亿人口，2014 年增至 77 亿。

二、"人口爆炸"问题的生态学思考

1956 年，美国社会学家赫茨勒针对"人口危机"这一问题，发表了《世界人口危机》一书。他说，300 年来，"实际上，世界人口就像氢弹爆炸一样骤然增长了若干倍"。1968 年，美国著名学者保罗·埃利希出版《人口炸弹》一书，直接以"人口炸弹"为书名。他警告说："我们将会被我们自己的繁殖逐渐湮没。"接着，罗马俱乐部创始人贝切伊提出"人类困境"概念，他认为，人类困境有种种表现，第一是人口爆炸。他绘制的"全球人口爆炸示意图"，是氢弹爆炸后升腾而起的蘑菇云向四方扩散，形象地比喻全球性人口爆炸。他说："人口爆炸和人类需求的爆炸，在人类历史上从来就是无比悲惨和不幸的源泉。"他把人口问题列为"现代人类衰落综合征"10 个要素的首要因素，人口增长过快是"不治之症的癌症转移"，是人类困境的头号问题，是"人类走向堕落的根源"。西方研究全球性问题的许多著名学者，都把人口爆炸列为威胁人类生存的全球性问题的首要因素，是当代许多社会问题的核心。

1. 什么是人口爆炸

人口爆炸的含义，一是人口增长过快，世界人口太多；二是人类消费需求增长过快。所列举的世界人口增长速度加快的时间表是：1800 年达到 10 亿，1930 年增至 20 亿，1960 年增至 30 亿，1974 年增至 40 亿，1987 年增至 50 亿，1999 年达到 60 亿，2005 年增至 65 亿。联合国人口基金会则显示全球人口在 2011 年 10 月 31 日达到 70 亿，2014 年达到 77 亿，人口学家预计，到 21 世纪中叶，世界人口将达到 90 亿～100 亿。这是人口爆炸的速度和规模。

2. 人口不是炸弹

依据生态学观点，我们认为，人口有两个主要特征：一、人是生产者，在生产自身的同时生产社会物质财富，不断地生产社会需要的、多种多样的、不断增长的物质和精神产品，同时不断生产着自身，即人口增长；二、人是消费者，人消费物质资料才得以生存。人类生存是人的内在价值；发展经济实现人类需要的满足，是人类的目标，满足人的生存、享受和发展。社会物质生产产出越来越多的产品，产品被消费掉，生产才能继续进行。它要求和促进人的消费。生产和消费，两者相互关联，相互作用，相互依赖，双双不断增长。人口增长，社会物质生产增长，人类消费增长，所有增长是在自然物质生产的基础上实现的。它对自然和环境形成不断增长的压力。

也就是说，人口增长按照它自身的规律发展。人口随着社会经济发展而增长，这是社会发展的必然过程。人的消费需求随着社会经济发展而增长，这是经济发展的必然过程。人口增长和人类消费增长是工业文明的伟大成就。但是，20 世纪中叶，工业文明的成就达到最高峰，随着它固有的问题凸现出来，工业文明开始走下坡路。同样，作为工业文明伟大成就的人口增长也达到最高峰，人口增长率达到人口史上的最高峰。报道说，世界人口增长率，1965—1970 年为 2.11%，为增长率的最高峰，从此世界人口增长率开始下降，2013 年为 1.3%。同时，人口增长对经济—社会发展的压力凸显出来，出现所谓人口问题，是这一伟大成就的负面影响。人口问题的两个方面：一是人口数量增长过快；二是人类消费增长过快。值得注意的是，人口问题的这两个方面，对经济—社会发展的压力，主要是工业文明社会人类的过度消费造成的，人类过度消费的问题比人口数量增长的问题要严重得多。"人口炸弹"理论，说人口增长过快是"炸弹"，会湮没人类自身；说它是"不治之症的癌症转移"，是全球性问题的首要因素。这不是真的。他们的人口问题批判，主要方向和主要力度指向人口增长过快。但是，人口数量不是人口问题的主要方面，人口的过度消费才是人口问题的主要方面。人口批判，不是指向现代社会的过度消费，而是反复强调消费对经济发展的促进作用，实际上继续促进过度消费。这是不全面的。

3. 没有"人口爆炸"

20 世纪中叶，世界人口增长率达到最高峰，发达国家的人口开始零增长，或负增长。发展中国家的人口继续增长，但是随着工业化发展，按照人口生产固有的规律，人口增长在达到它的最高峰以后便开始下降，如 20 世纪 70 年代世界人口增长率达到峰值以后开始下降，2015 年世界人口增长率约为 1.1%。发达国家人口增长由移民支持，主要是穆斯林移民，1980 年以来，在欧洲的人口增长中有 90% 是伊斯兰国家的移民。

1997 年 8 月 1 日，欧盟统计局公布的数字显示，欧盟 15 国每个妇女平均生 1.44 个孩子，德国妇女平均生 1.3 个孩子，丹麦妇女平均生 1.4 个孩子，意大利妇女平均生 1.22 个孩子，日本妇女平均生 1.41 个孩子。10 年后的 2007 年，法国的人口出生率为 1.8%、英国为 1.6%、希腊为 1.3%、德国为 1.3%、意大利为 1.2%、西班牙为 1.1%，整个欧盟的 31 个国家人口出生率仅为 1.38%。北美生育率高一些，但美国和加拿大的这个数字也只有 1.8 和 1.7，已经低于人口更替的水平。2013 年，日本总生育率为 1.43，韩国和新加坡为 1.19，德国为 1.38。发达国家的人口一直是负增长或零增长，无论怎样加大奖励力度，都不能扭转人口减少的趋势。据报道，德国鼓励生育，每一个有子女的家庭，不管家庭收入如何，都可以享受每个月为你第一个子女领取 50 欧元，从第二个子女开始就上升为 100 欧元，第三个子女就是 250 欧元，第四个子女是 500 欧元，第五个子女1000欧元，第六个子女2500欧元，到第七个子女的时候就是5000欧元。这些钱一直要支付到孩子年满27周岁，就是每个月要拿这些钱拿到27岁。但是并没有提高生育率。

4. "二马"的人口思想

马尔萨斯和马寅初是两位伟大的人口科学思想家。

马尔萨斯《人口原理》（1798）提出著名的人口论。他认为，人口呈几何级数增长而粮食呈代数级数增长，人口增长速度超过粮食增长速度，过多的人口增长将带来饥荒、瘟疫、战争和各种灾难，因而人类需要节制生育，控制人口增长。工业化早期，还没有出现人口爆炸，他提出这样的人口论思想，这是难能可贵的。

马寅初《新人口论》（1957年，1979年再版）。1957年2月，他在最高国务会议的提案上说："我们的社会主义是计划经济，如果不把人口列入计划之内，不能控制人口，不能实行计划生育，那就不成其为计划经济。"同年6月，他的提案以"新人口论"在《人民日报》（1957年7月5日）发表，文章从10个方面论述了为什么要控制人口和控制人口的重要性与迫切性，以及如何控制人口等问题。这是中国的人口论。20世纪50年代，中国工业化初期，虽然中国是世界人口第一的国家，但是并没有出现人口爆炸，他提出控制人口和人口有计划发展的思想，这是十分宝贵的。

第二节　中国新人口问题的生态学分析

中国历来是世界上人口最多的国家。公元前22世纪的夏朝，我国人口为1350万，西汉时期为5959万，这是中国人口的第一个高峰。经过了1000多年稳定发展，清朝乾隆年间（1741）首次突破1亿，达14 341万人，坚实了中国世界人口第一的地位。此后，人口持续增加，1762年，中国人口达2亿，1790年3亿，1835年达到4亿。经百年人口缓慢且波动式的增长，1950年我国人口达到5.5亿，1955年达到6亿，1965年达到7.2亿，1969年达到8亿，1970年达到8.2亿，1974年达到9亿，1981年突破 10 亿，1988 年为 11 亿，1995 年 12 月 16 日为我国 "12 亿人口日"，我国人口迈上一个新台阶。2014 年，我国人口为 13.6 亿，占世界总人口的 18.8%，仍然是世界上人口最多的国家。中国人口具有世界意义。

一、"多子多福"，中国人口思想

中国人认为，"人丁兴旺" 是国家富强的重要因素，历来采取 "重民" 和 "众民" 的人口政策。如清中期中国突破 1 亿人口达到一个人口高峰，正是康熙和乾隆年间实行 "盛世滋生人丁永不加赋" 的人口政策："今人有五子不为多，子又有五子，大父未死而有二十五孙"，"民众则其国强，民寡则其国弱"，至咸丰元年（1851）人口突破 4.3 亿。不断增殖人口，激发人口活力，这是国家实力的重要表现。

中国思想家主张 "广土众民，子孙绵绵"

早在商代青铜器上就铸有 "万寿无疆""子孙永昌" 字样。历代思想家认为，"地大国富，人众民强" 这是 "霸王之本"。人口众多，子孙永续，传宗接代，这是中国古代主要的人口思想。

孔子说："地有余而民不足，君子耻之。"（《礼记·杂记下》）他主张先要使民 "庶"，然后使民 "富"，把 "庶"（人口众多）列为治国施政的第一件要紧事。他说："有人斯有土，有土斯有财。"（《礼记·大学》）孟子说："广土众民，君子欲之。"（《孟子·尽心》）他又说："不孝有三，无后为大。舜不可而娶，为无后也，君子以为犹告也。"（《孟子·离娄》）意思是说，据传说，舜娶唐女为妻，没有禀告父母，因为害怕父母不答应。舜不告而娶，这是怕绝后，比禀告还要好，是没有什么不对的。墨子主张增加人口，鼓励通过早婚来使人口倍增，他提出人口是生产力的看法。他认为，如果人口缺少，耕种的土地只是一种得不到收获的 "虚地"，要生产出足够的衣食，就必须用 "力"（劳动），而 "力" 来自劳动人口的增加。

秦汉以后，南北朝时的周朗（425—460）把人口增殖看作国家大事，宣称治国者 "不患土之不广"，"患民之不育"。（《宋书·周朗传》）而战乱、苛政严刑、天灾岁疫、长期服役等是当时人口减少的主要原因，若要使人口迅速增加，必须消除天灾人祸，让人民安居乐业，夫妻团聚，并提倡早婚。他甚至主张强制推行早婚，"女子十五不嫁，家人坐之"。

明朝人丘浚也极力主张增殖人口，认为一国人口的多少关系到国势的盛衰，"庶民多，则国势盛；庶民寡，则国势衰"（《大学衍义补·蕃民之生》）。天生万物都必须资以人力而后能成其用，劳动人口增长，财富才能增长；没有庶民则国不成国，君不成君，因此君主必须掌握人口数量，鼓励人口增殖。

孙中山先生认为，人口多是关系国家、民族存亡的巨大力量，100 多年来，中国受尽种种侵略和欺负但没有亡国，这是中国人多的缘故。他说："各国人之所以一时不能来吞并的原因是由于他们的人口和中国的人口比较，还是太少。"他主张增殖人口，"若他们逐日增多，我们中国却依然如故，或者甚至于减少"，这样，"如果美国人来征服中国，那么百年之后，十个美国人中，只掺杂四个中国人，中国人便要被美国人所同化"。现在，虽然情况有了变化，但是拥有世界上最多的人口，是中国强盛的一个重大因素，是我们国力的一个重要表现。

从孔夫子到孙中山，中国思想家多是主张人口是国家的巨大力量，不断增殖人口才不会亡国。

毛泽东继承了这种人口思想。他说："世间一切事物中，人是第一个可宝贵的。"他的人口思想是以人为本、以民为贵和人定胜天，主张人多力量大的观点，他说："人多好还是人少好？我说现在还是人多好，恐怕还要发展一点。"他认为，中国人口众多是一件极大的好事，再增加多少倍也完全有办法，这办法就是生产。

中国古代"多子多福"的人口思想是正确的，孙中山先生主张增殖人口是正确的，毛泽东的"人是第一个可宝贵的"思想是正确的。这些人口思想为中国人民广泛接受和遵从，是中国人口生产中占主导的思想，并奠定了中国世界人口第一大国的地位。而西方学者"人口炸弹"的人口思想则是不正确的，因为没有"人口炸弹"。

二、中国人口太多和太少的"两颗炸弹"

遵循中国"重民、众民"的人口思想，创造了世界第一的人口大国。新中国成立以来，人口增长出现 3 次高峰：第一次是 1951—1958 年，7 年共增加人口 10 798 万人，平均每年净增长人口 1500 多万；第二次是 1963—1976 年，13 年新增加人口 21 921 万人，平均每年增加人口 1702 万人；第三次是 1985—1991 年，6 年共新增加人口近 1 亿，平均每年净增加 1600 万。1980 年，中国实行"一对夫妇只生一个孩子"的人口政策。中国妇女总和生育率从 5.8（1970），下降到 1.8（20 世纪 90 年代以来）。30 年时间，一对夫妇平均少生了 4 个孩子，中国少出生 3 亿多人。这是一个人口太少的世界。

1. 中国人口的"两颗炸弹"

人口本来不是炸弹，鉴于"人口爆炸"思想的重要影响，我们在中国人口问题的生态学思考中，借用了这个概念。1999 年 10 月 13 日，《中国环境报》用一整版的篇幅发表了记者梅冰《中国人面临的两颗"人口炸弹"——中国社科院学者余谋昌谈 21 世纪中国人口战略》一文。文章开头，记者的导语说："20 世纪是全球人口大爆炸的世纪。对于我国来说，人口过多被认为是面临各种问题的根本原因。但是最近，中国社科院哲学所学者余谋昌先生对这一问题提出质疑：我国的人口问题不仅存在'太多'的一方面，还存在'太少'的一方面。到了该深入思考人口政策的时候了，记者特作访谈。"

这次采访的内容是 1999 年夏、秋，笔者在海口的一个讲习班，在题为"关于人口与可持续发展关系的思考"的多次讲演中所说的。第一个标题是《当今世界人口问题的特点，人口太多和太少的挑战》。第二个标题是《中国人口问题，同时存在人口太多和人口太少的双重挑战》。笔者认为，"现在，中国人口问题的主要方面，已经从人口数量问题转变为人口质量问题。因为'独孩政策'的问题已经开始表现出来：一是人口老龄化问题；二是人口质量下降的问题。这两个问题已经开始成为比人口数量更重要的问题。"

这时，我国人口出生率已经下降到低于人口更新的水平。它的严重性，笔者曾经援引美国《未来学家》上论述出生率下降对发达国家危害性的文章说，发达国家人口出生率下降，"各个发达国家走向集体'自杀'。这些国家的出生率低，老龄化赋闲人口的队伍日益庞大，赡养他们的负担越来越沉重，超过了年轻人的承受能力。他们只能通过减少抚养关系来减轻负担。这意味着他们要少生或不生孩子，进一步促使人口出生率下降"。

我国人口生产就是这样的。这是一种"集体自杀"。而且，人口过多并不是我们面临的各种问题的根本原因。如果人口过多是生态危机的根本原因，那么严格控制人口增长以后，环境问题就解决了一大半，但实际上并不是这样。真正的原因是生产方式的负面影响。因而，如果要说"炸弹"的话，人口过多不是"炸弹"，人口太少才真是"炸弹"。人口太少的问题比人口过多的问题更加严重，而且更难以解决。

2. 中国放弃世界第一人口大国的地位

由于实行严格的生育控制政策，中国人口由"高出生、低死亡、高增长"转变为"低出生、低死亡、低增长"。1970—1980 年，中国人口的自然增长率就从 1970 年的 25.83‰下降到 1980 年的 11.87‰、2013 年的 1.18‰，成为全球人口增长率最低的国家之一。或者说，1970 年中国妇女总和生育率为 5.8，"一对夫妇只生一个孩子"以来，妇女总和生育率很快下降并稳定在 1.8 左右，30 年的时间，我国一对夫妇平均少生了 4 个孩子，全国少出生 3 亿多人，使世界"60 亿人口日"推迟了 4 年，对世界人口控制做出了重大贡献。

但是，这种贡献是以牺牲中国利益为代价，是以失去中国是世界人口第一国家的地位为代价的。历史上，中国人口一直保持世界人口最多的地位。1850 年，中国人口约 4.3 亿，占世界人口的 34%；1949 年，中国人口约 5.41 亿，占世界人口的 22%；1990 年，中国人口已达 11.4 亿，仍然保持在 22% 左右；现在，中国人口约 13.7 亿，占世界人口比例下降为 19%，但出生人口仅占世界出生人口的 12%。联合国根据现有生育率预测，未来中国人口将持续下降，30 年以后中国就不再是世界上人口最多的国家，而印度则将成为世界上人口最多的国家。2100 年，我国人口可能下降到只有世界人口的 3.1% 左右。

"世界上人口最多的国家"，这不仅是荣誉，而且是中国强大的重要表现。1999 年，在海口关于人口问题的讲演中，当讲到孙中山先生"人口多是关系国家、民族存亡的巨大力量"的话时，笔者离开讲稿说了几句话。笔者说，中国是世界上人口最多的国家，这个问题太重要，几十年后中国不再是世界上人口最多的国家了，你们要准备好回答你们孩子的问题："为什么中国会变成不是世界上人口最多的国家？"

30 多年来，中国少生 3 亿多人，人们说这是计划生育的伟大成就。不错，它为好几届政府减轻就业、教育、医疗和其他社会生活、社会保障的压力，做出了重要贡献。但是，它以制造了中国新的人口问题为代价。解决新的人口问题，将给以后好多届政府增加巨大的压力。

三、中国新的人口问题

1999 年关于中国人口问题的讲座和采访中，笔者提出"中国新的人口问题"，但当时只讲到人口老龄化和人口质量问题，其实还有比这更加重要的问题，主要是由于人口结构变化衍生的问题——"4—2—1"家庭衍生的问题。"4—2—1"家庭，这是中国特有的人口现象。它指由 4 位老人、2 位有劳动能力的人、1 位小孩组成的家庭。这种家庭过去也有，但并不普遍。当社会的小孩只是独生子女的时候，这样的家庭就成为普遍的了。大家知道，家庭在社会中有非常重要的意义，特别是在我们中国，"国就是家，家就是国"。作为最基层的社会组织，它是个人生命开始的源头。家庭的要义，一是"保护"（安全）；二是"延续"。"4—2—1"家庭导致"保护"（安全）和"延续"都出了问题。这改变了中国家庭的性质，出现新的人口问题。中国新的人口问题在"家庭问题"上集中表现出来。30 多年严格控制生育，中国社会少子化、高龄化、劳动年龄人口减少，且同时、同步出现，具有新的人口学意义，成为中国新的人口问题。

1. 人口老龄化的人口学意义和问题

老年人因为有知识和丰富的经验，是家庭和社会的宝贵财富。现在，随着老人在总人口中所占比例不断上升，社会人口结构呈现老年状态，进入老龄化社会。国际上的通常看法是，当一个国家或地区60岁以上老年人口占人口总数的10%，或65岁及以上老年人口占人口总数的7%，即表示该国家或地区已进入老龄化社会。2014年，我国60岁以上人口21 242万人，占总人口的15.5%，其中65岁及以上人口数为13 755万人；2015年，60岁以上的人口为2.218亿，占总人口的16.15%，其中65岁及以上人口1.437 4亿，占总人口的10.47%，我国已进入严重老龄化社会。"4—2—1"家庭普遍出现，人口结构严重不平衡，极大地改变了我们的生活和文化，产生新的人口问题。

（1）老人社会保障问题。

高龄化人口快速大量增加，造成照护老人的社会成本支出问题。社会保障、社会开支、退休金和医疗费用的大大增加，增加国家的财政负担；越来越少的就业人口为赡养越来越多的老人，越来越多的家庭经济不堪重负。据报道，1978年全国退休金额17.3亿元，1987年为238.4亿元，1997年用于老年人的开支占工资总额的19.6%，到2030年将达工资总额的48%。2013年6月，全国社会保障基金会发布，该基金资产总额首次突破1万亿元，达到11 060.37亿元。养老成为中国经济的"绊脚石"。它会导致国家退休金危机吗？

（2）"空巢家庭"问题。

传统中国家庭，老人有子女和儿孙陪伴，享受天伦之乐。现在，"少子化"家庭，为了赡养4位老人和1位孩子，有劳动能力的人外出打工和就业，家里只有老人和孩子，出现所谓"空巢家庭"。现在这样的家庭超过50%，农村留守老人约4000万，占农村老年人口的37%。孤独的老人缺乏亲人的陪伴和关照，没有亲情和天伦之乐，哪有什么快乐、幸福和尊严?! 这已经是一个伦理问题。

一大把岁数已经到了安享天年的时候，"空巢老人"还要承担照顾、管理和教育孙儿的责任，隔了一代人。这是难以完成的事，不仅责任重大，而且寂寞艰难的生活，巨大的精神压力，纠结难耐的心理负担，许多人又疾病缠身，已经力不从心，做不好时常常责备自己，特别是疏于管教，如果孙儿出了一点事，心里更是难以平静。物质生活、精神生活、心理生活都处于极大的压力中，做"空巢老人"很难呀。它会导致一次伦理危机吗？

（3）"未富先老"问题。

中国老龄化同发达国家不同，发达国家进入老龄化社会时，人均国内生产总值达到5000～10 000美元以上，有足够的财政支持老人的快乐生活。但是，中国在人均国民生产总值只有1000美元时，就开始进入老龄化社会，应对人口老龄化社会保障的经济实力非常薄弱。我国的人口老龄化是"未富先老"的人口结构，如何渡过这个难关？这是重大的人口问题。而且，我国老年人持续增长，依据人口学预测，2030年迎来人口老龄化高峰，到2100年老年人口将高于3.5亿人，2055年左右中国老年人口最多的时候将接近4.5亿人。我们有能力应对这样的人口问题吗？

2. 人口"少子化"的人口学意义和问题

孩子是我们的未来，孩子少我们的未来就要打折扣。生育率下降，幼年人口逐渐减少，人口学用人口出生率表示：出生率17.0‰～15.0‰时为正常，1996年我国人口出生率16.98‰，还是正常；15.0‰～13.0‰为少子化，1999年出生率14.64‰，这是少子化开始；13.0‰～11.0‰已经是严重少子化，2002年出生率12.86‰，严重少子化，2008年为12.14‰，持续严重少子化。

人口统计学用0～14岁人口占总人口的比重表示。人口学认为，社会的年龄结构，0～14岁人口占总人口的比例在15%～18%，为严重少子化，15%以下，为超少子化。根据统计数据，中国0～14岁人口比重逐年下降：1964年为40.7%，1982年为33.6%，1990年为27.7%，2000年为22.9%，到2010年已经降为16.6%，2015年又下降0.08个百分点，已经处于严重少子化水平。

中国社会已经老龄化，是世界上老年人口最多的国家；同时，中国社会又严重少子化，少子化速度超过老龄化。少子化表示人口结构发生重要变化，它带来一系列人口问题：①少子化的副作用是高龄化，一个老人多、小孩少，人口老龄化，社会老化的时代。少子化代表着未来人口逐渐变少，造成人口不足，对于社会结构、经济发展等各方面都会产生重大影响。②少子化表示社会变老，劳动人口减少，人口红利消失。③人口少子化加大"失独"家庭的系数。

3. "失独"家庭的人口学意义和问题

"失独"家庭是独生子女死亡，"失独"者年龄大都在50岁开外，已经失去再生育能力，又不愿意收养子女的家庭。独生子女是现代中国家庭最宝贵的资产。中国传统家庭重视传宗接代。"中年丧子"，而且是独生子，这是一个人最大的人生悲剧：不仅老了以后没有人赡养，而且家族血脉到了自己不能再延续。这真的是刻骨铭心之痛。

"失独"家庭已经不是个别现象，而是大量的，因而成为重大的人口问题。2000年第五次人口普查，我国曾经有过一个孩子但已经无后的家庭有67万之多。2012年，"失独"家庭达100万。人口学统计，2015年我国15～30岁的独生子女总人数为1.9亿人。这一年龄段的人，由于种种风险事件的突然发生造成死亡，它的年死亡率为4‰，因而每年约产生7.6万个"失独"家庭，中国"失独"家庭未来将达到1000万。"失独"及其后果引发严重的人口问题。

（1）"失独"恶化"空巢家庭"规模。

我国空巢老人，2012年为0.99亿人，2013年突破1亿。失去独生子女的人，虽然现在不是老人，但老年以后肯定是"失独"老人。严格控制人口后第一代独生子女的父母正陆续进入老年，没有子女赡养他们，无子女老年人越来越多，数以万计的老人，面临巨大的养老、医疗、心理等方面的问题。

（2）"失独"导致严峻的经济问题。

失去独生子女的人老年以后，支持1000万"失独"家庭的社会成本，这将是一个巨大的数字，谁来支付这笔巨大的支出？

（3）"失独"导致的伦理问题。

"延续"是家庭的重要功能。中国文化重视传承，中国家庭看重传承香火，中国人努力延续家谱，话说"不孝有三，无后为大"。失去独生子女，断了香火不能再延续家谱，责任不在失去独生子女的父母，谁应承担这一伦理责任？

（4）"失独"造成的基因（DNA）多样性损失问题。

失去独生子女，这不仅是家庭的不幸，而且是民族的不幸。他们的遗传基因消失，是中华民族基因多样性的损害。有人问："美国的校车为什么要做得这样结实这样高级？"回答说："谁能保证车里的孩子未来不是美国总统？"这里讲的是基因多样性的问题。

中国人的基因多样性是中华民族的宝贵资产。"失独"家庭失去的不仅是宝贵的独生子女，而且是独生子女父母的基因。它永远地没有了，是不可弥补的。这是中华民族基因多样性的损害。现在，我国每年约产生7.6万个"失独"家庭，中国"失独"家庭未来将达到1000万。也就是说，1000万户"失独"家庭，至少会有2000万人的遗传基因永远地消失了。这是笔者上文说到的人类的"集体自杀"。

4. "未富先老"，劳动人口减少的人口学意义和问题

中国13亿人有9亿劳动人口。这是中国力量的重要表现。9亿中国劳动者，被誉为勤劳的"蓝蚂蚁"，创造了中国崛起的伟大奇迹。

2010年第六次人口普查数据，2010年15～59岁劳动年龄人口的总量到达峰值，为9.4亿，被认为是中国人口红利最大值。2012年，15～59岁劳动年龄人口第一次出现了绝对值下降，比上年减少345万。国家统计局数据显示，2014年我国16～59周岁的劳动年龄人口9.16亿人，比上年末减少371万人，被称为我国人口红利的拐点。此后劳动人口数量负增长，每年净减少3000万，减少的速度越来越快，预计到2020年大体上降至9.1亿。也就是说，劳动年龄人口占总人口的比例，从70.1%下降到66.0%。

人口红利是指一个国家的劳动年龄人口占总人口比重较大，抚养率比较低，为经济发展创造了有利的人口条件，整个国家的经济呈高储蓄、高投资和高增长的局面。劳动人口减少，人口红利缩水甚至消失，中国成为第一个"未富先老"的大国。这是中国新的人口问题。

5. 男女性别比例失衡的人口学意义和问题

一个家庭，首先要有男人和女人，并从而有孩子才组成家。男人、女人、老人、中年、青年和小孩，按一定的比例组成有机和谐的整体，一个和谐完整的家，人口才是可持续发展的。"家和万事兴。"如果只有男人，或者只有女人，不能成为一个家庭。如果一个家庭只有一个男人，它同"失独"家庭一样是非常不幸的。

人口性别比例失衡是从 1982 年开始的。第三次人口普查结果显示，全国男女性别比为 108.5。此后，男女性别比例失衡的问题逐步扩大。1987 年 1% 抽样调查显示，这个数为 110.9；1990 年第四次人口普查为 111.3；1995 年 1% 抽样调查为 115.6；2000 年第五次人口普查为 116.9；2007 年为 125.48；2010 年第六次人口普查，在 0～14 岁人口中，男性比女性多 1827 万人。

2014 年我国人口达 13.678 2 亿人，男性人口 7.007 9 亿人，女性人口 6.670 3 亿人。也就是说，如果这个数据是正确的，那么，中国男人比女人多 3376 万人。这是一个可怕的数字。另一个人口学数据是：2015 年男性人口 7.0356 亿人，女性人口 6.699 3 亿人，男性比女性多 3363 万人。这是比较可靠的数字。

在没有严格生育控制的情况下，可以通过多生孩子进行调节。但是，严格实行"独孩政策"的情况下，特别是在农村，由男人传承香火延续家谱，不惜采用任何手段保证有一个男人。这样就造成男女性别比例失衡。

这是人口结构不协调的重要表现。它不符合人口发展规律。男人比女人多 3000 万，也就是说，有 3000 万人找不到妻子，相当于一个中等国家的总人口。这在国家经济、政治和文化等各方面的发展都会带来严峻的挑战，是一个重大的人口问题，重大的伦理问题。

只有男人，是不能组织家庭的，而没有家庭，"保护"和"延续"的功能自然是无从谈起。没有夫妻生活，这是不符合伦理的。它的人口学问题，类似"失独"家庭的问题。中国家庭注重延续家谱，一代代的香火相传。光棍儿，不仅仅是家庭传承的遗失，家谱中断，而且是大量中华民族DNA的遗失。而且，这样一大群人老了以后由谁护养？因而，这是一个重大的社会—经济—文化—伦理的问题。

人口老龄化、少子化、"失独"家庭、劳动力减少、男女比例失衡，这是我国新的人口问题。如果要说"人口炸弹"，那么，中国2亿多老年人，1000万个"失独"家庭，3000万光棍儿，这才是真的人口炸弹。一二十年内，它就要爆炸，我们已经做好准备了吗？从人口学的角度，这是由"4—2—1"家庭人口结构引起的。

有论者指出，人是社会活动的主体，一切社会活动的本质是服务于人、依附于人，没有人就没有人类社会的一切！因此，人口就是经济的载体、科技的载体、军事的载体、社会繁荣的载体、国家实力和竞争力的载体、民族兴衰存亡的载体！长期来看，人口的兴衰必然决定民族的兴衰。一个生育率极低、未来人口迅速减少的民族，其趋势必然是长期的大衰落，甚至沦为濒危民族！据2000年和2010年全国人口普查显示，目前中国总和生育率仅有1.2左右，也就是说，中国下一代只有上一代的55%，这意味着未来中国人口每过一代将减少45%，中华民族将迅速沦为一个又老又小的濒危弱小的民族。到2045年左右，中国每年死亡人口将高达2000多万，而每年新生人口仅仅区区数百万，此时中国人口将一年减少1000多万，几年减少一个亿——人口超级大雪崩！没有人口，哪里来的GDP和中华民族的伟大复兴？

第三节　生态文明的人口生产的生态设计

人口作为社会主体，是社会的基础。人口生产是社会物质生产的重要部门，是社会物质生产的基础。它同其他物质生产一样是需要设计的。我们的目标是，依据生态整体性哲学，遵循人口发展的生态学规律，实现人口长期均衡发展，实现人口与社会、经济、文化和自然的协调持续发展，建设人与人和谐、人与自然和谐的美好世界。

一、生态哲学，人口生产的理论基础

人口生产或人口问题的生态学思考，首先需要把人口作为一种生产力，研究人口生产力及其在世界物质生产中的地位和作用。也就是说，要以生态整体性观点看待人口生产和人口问题。生态哲学的自然价值论认为，世界的物质生产有4种生产力，这4种生产力推动4种物质生产过程，它们都是创造经济价值的物质生产过程。4种生产力（或生产力的4种因素）是：自然生产力（自然因素）、人口生产力（人才因素）、社会生产力（社会因素）、智慧生产力（科学因素）。它推动4种物质生产过程（生产力发展的4种形态）：自然物质生产（自然形态）、人口生产（人才形态）、社会物质生产（社会—经济形态）、知识生产（科学形态）。它创造4种经济价值：自然价值（生态资本）、人才价值（人力资本）、劳动价值（社会资本）、智能价值（知识资本）。①

我们用下图表示：

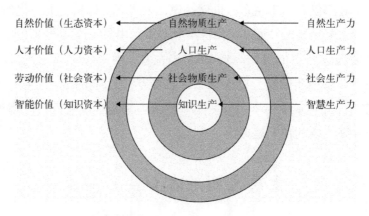

自然价值（生态资本）←——自然物质生产←——自然生产力
人才价值（人力资本）←——人口生产←——人口生产力
劳动价值（社会资本）←——社会物质生产←——社会生产力
智能价值（知识资本）←——知识生产←——智慧生产力

---

① 余谋昌：《自然价值论》，陕西人民教育出版社2003年版，第243～270页。

1. 人口生产在世界物质生产中的地位

人是生产力，人口生产是社会物质生产的重要部分，是创造价值的重要力量。这是人口问题研究的理论基础。但是，"人口爆炸"论者，主要从人是消费者出发。但是更重要的是，人不仅是消费者，而且是生产者。

人口问题的研究首先要超越这种观点，即超越现代哲学和经济学关于生产力的理论。现代哲学和经济学认为，生产力只有一种，生产力即社会生产力，人类社会物质生产是唯一创造价值的过程。《辞海》中生产力定义是："生产力，亦称'社会生产力'。人们征服自然、改造自然的能力。"《中国大百科全书·哲学卷》："生产力，人们在物质资料生产过程中与自然界之间的关系，是人类征服和改造自然的客观物质力量。亦称社会生产力。"《政治经济学辞典》对生产力的解释是："生产力即'社会生产力'，也称'物质生产力'。……提高生产力水平，指发展社会生产力，即社会物质生产力。"这是经典哲学和经济学的结论，是一种被普遍接受的定论。

生态哲学依据生态整体性观点认为，4 种生产力是相互联系、相互作用、相互依赖、共同发展的；自然物质生产是其他 3 种物质生产的基础，依次外圈是内圈的基础；生产力是不断进化的，自然生产力—人口生产力—社会生产力—智慧生产力，它的进化路径表现生产力的层次性。同时，它表现生产力的历史性，最早自然生产力决定整个世界的进程。人在地球上产生，这是地球史上最重大的事件，地球发展进入人类阶段，人作为一种生产力参与地球物质运动，成为一种巨大地质力量，完全改变了地球的面貌。人本身是巨大的财富，即人力资本。同时，它作为生产力的人才形态参与生产过程，又是创造商品和其他物质的基础。未来，智慧生产力将成为决定性因素。

也就是说，以自然生产力为基础的人口生产力，是社会生产力和智慧生产力的基础，因此毛泽东说："世间一切事物中，人是第一个可宝贵的。"这是人口理论的哲学基础。人口生产力主要表现，一是人自身的生产，即人口生产；二是人作为生产力的最重要因素，参与社会物质生产和自然物质生产。两者都创造巨大的价值。马克思认为，人是主要生产力，他说："主要生产力，即人本身。"① 他又说："人本身是他自己的物质生产的基础，也是他进行的其他各种生产的基础。因此，所有对人这个生产主体发生影响的情况，都会在或大或小的程度上改变人的各种职能和活动，从而也会改变人作为物质财富、商品的创造者所执行的各种职能和活动。"② 这是我们的人口问题生态思考的理论基础。

2. 人口生产力的生态学分析

人口生产力是"主体生产力"。人参与生产过程，人本身成为主要生产力，是生产力中最重要、最活跃的因素。它是生产力的人才形态，马克思称为"主体生产力"或"个人劳动生产力"。主体生产力，表现在自身生产上，是人口生产力；参与社会物质生产，是个人劳动生产力，即个人在生产过程中表现出来的人的体能、技能和智能的总和。人的体能，指人的自然能力和生理能力。这是人的简单的和初级的能力。人的技能，指通过学习与训练获得的能力和技巧。这是人的中级能力。人的智能，指人的学习能力、联想能力和创新能力。这是人的高级能力。③

人口生产包括人口数量的生产和人口质量的生产。这两方面的生产，在人类史上都沿上升曲线不断提高。但是，30多年来，我国人口增长率连续下降，人口数量在未来将出现负增长。人口质量生产有两个趋势：一是人类平均寿命和人的知识水平等不断提高，表示人口质量提升；二是人的体能和人的生育能力等方面有下降的趋势，表示人口质量下降。在严格的生育控制的情况下，人口质量的生产有两个问题：一是人口素质高的城市生育率下降，人口素质差一些的农村超生，从长期来看可能影响中国的人口素质；二是把计划生育列为基本国策时，主要政策指向是控制人口数量，没有把教育列为国家的基本国策，影响人口特别是农村人口素质。

现在，我国人口生产、人口质量已经成为比人口数量更为重要的问

① 《马克思恩格斯全集》第二版第三十卷，人民出版社1997年版，第407页。
② 《马克思恩格斯全集》第二十六卷第一册，人民出版社1972年版，第300页。
③ 王桂玲：《首席科学家牛文元教授谈中国可持续发展战略》，《北京观察》，2002年第3期。

题。中国人口问题的本质，已经从数量控制转向提高质量。"中国妇女生育孩子之少，已经不能替代她们自己了"，要放开人口数量生产，要着力提高人口质量。

二、遵循生态规律设计人口生产

我们从人口是生产力的观点思考人口问题，说明"人口爆炸"不是真问题。人口生产作为世界物质生产的一种形式，它遵循自身的规律发展，即使出现问题，按照客观规律运行的必然性，它也会进行自动调节，人类行为可能起促进调节的作用，但是不可能改变客观规律的必然性。自然物质生产是世界物质运动过程，它由世界物质运动规律决定，是自然而然的，它不会有什么"问题"。如果说"自然灾害"是一个问题，那是由人的利益定义的。"灾害"是自然物质运动过程，它推动自然物质进化，是自然物质运动和进化的一种形式。

人口生产、社会物质生产和知识生产，在自然物质生产的基础上进行，它们是自然物质生产的进化和发展，或者说，它们是自然物质生产的不同层次的实现形式，知识生产是它的最高实现形式。这 3 种物质生产是在人主导下进行的，由人的意识、信念、思想、意志、知识和行为等决定，这种主观性的决定，可能会有不符合或违背客观规律的情况，因而会出现"问题"。也就是说，人口问题，它是人口生产不符合或违背客观规律的结果。

1. 马尔萨斯的人口生产规律

马尔萨斯"人口论"提出"支配人类命运的永恒的"人口自然法则，即人口发展的三个规律——马氏的人口三定理。它们是：①人口的制约原理，人口与生活资料之间存在一种正常的比例，即"人口的增长，必然要受到生活资料的限制"；②人口的增殖原理，"生活资料增加，人口也随着增加"；③人口的均衡原理，"占优势的人口繁殖力为贫困和罪恶所抑制，因而使现实的人口得以与生活资料保持平衡"。三个定理是紧密相连和相互作用的。人口与生活资料之间最终将实现均衡，但是这种均衡不是自然实现的，而是种种"抑制"的产物。

　　这是人口学家提出的规律。我们应该重视这样的规律。

　　2. 遵循人口规律设计人口生产

　　我们关于中国新的人口问题的生态学分析，从问题产生的根源，可以得到人口生产规律的知识。

　　中国新的人口问题主要是人口结构不合理，也就是说，不符合人口发展的客观规律而产生的。它来自"4—2—1"家庭的人口结构。一对夫妇只生一个孩子，一定会出现人口老龄化、少子化、"失独"家庭、劳动力减少、男女比例失衡这样的人口问题。2010 年人口普查显示中国的生育率是 1.18，2011 年和 2012 年国家统计局的抽样调查数据显示的生育率分别为 1.04 和 1.26，已经在人口可替代可更替水平之下。1.4 的生育率就意味着每一代人出生人口将减少 36%，这还没有考虑未来 10 年生育旺盛期女性减少近半的效应。低于 1.4，这种人口趋势显然不符合"人口长期均衡发展"的要求。中国的生育率低于可更替水平已经超过 20 年。这将是中国社会未来几十年所面临的最大挑战之一，将给中华民族带来难以估量且无法逆转的巨大损失。

　　30 多年来，发达国家无论采取多大力度的奖励生育的政策，也没有阻止人口减少，而中国实行最严格限制生育的政策，产生了大量"边缘人"。这是人口生产的客观规律以不可抗拒的力量起作用的表现。所谓边缘人，是指违反计划生育政策，又交不起超生罚款的人。他们没有户口，生活在社会的边缘。据报道，这样的人有 1300 万。户口是公民的基本权利，没有户口就无法享受社会福利，包括教育、就业和医疗等重要的福利，不仅不能上升到高一些的社会阶层，而且永远身陷贫困陷阱。这是严峻的社会—经济—伦理问题。

　　据此我们认为，"人口长期均衡发展"是人口生产的主要规律，或人力资源能力建设的主要规律。具体地说，人口长期均衡发展有两条重要原则。

　　（1）一对夫妇平均生育 2.2 个孩子的原则。实现人口长期均衡发展，一对夫妇需要平均生育2.2个孩子，人口才不会衰减，才能维持人口的可持续发展。因而，家庭的人口结构是"4—4—4"，或者"4—4—5"。也就是说，家庭的人口结构是4位老人＋4位青壮年＋4（5）位小孩。这是人口生产的重要规律。

有研究报告说，人口的出生率必须达到每个家庭有2.11个孩子，否则这个文化将会渐渐衰落。历史上从未见过一个文明在人口出生率低于1.9%的情况下能出现转机；1.3%的出生率更是不可能逆转的，因为它将要花80～100年的时间来自我修正。但是，没有任何经济模式能在这样长的时间持续支撑这个文化，随着人口萎缩，文化也会随之衰落。

（2）人口生产必须保证足够的人口数量，人口质量重于人口数量的原则。有了高素质的人口，即使出现人口问题，也是有办法解决的。

现代社会人口生产之所以如此重要，是因为人力资源已经成为社会物质生产"第一资源"。当下社会，是否具有高素质、高智能的人才，是未来发展的最大挑战。重视人力资源建设，发展教育事业，健全人才生产，积累人力资本，对建设强大国家具有关键性作用。教育在人口生产中具有重要地位，发展教育事业应列入人口生产范围，作为人力资源能力建设的重要方面，应有妥善安排和高度重视，全面安排人的体能、技能和智能的投资与建设，创造更多高智能的人才。

关于教育和提高人口质量的重要性，牛文元教授指出，认知科学表明，人的体能、技能和智能之间有一种量的关系：人的体能、技能和智能的获得，社会所要支付的代价比为1:3:9。也就是说，一个人获得健全的体魄所支付的社会费用为1时，支付其同时获得技能的费用为3，支付其同时获得智能的费用为9，即社会支付成本为一列等比级数：1:3:9。从人才价值或为社会创造财富的角度来看，体能、技能和智能的比值为1:10:100。也就是说，一个具有体能的人，他所能创造的财富大约仅能维持他本人的生存；同时具有技能的人，可能创造其10倍的价值；同时具有智能的人，又可能创造其10倍的价值，即100倍于只具有体能的人所创造的财富。他们对社会的贡献为另一列等比级数：1:10:100。牛文元教授说：

　　"人力资源的能力建设，就是通过塑造、改善、培育、拓展人力资源发挥作用的环境和空间，不断提高其对社会的贡献能力。如果我们以文盲作为仅具有体能的人，以第二产业从业人口作为具有一定技能的人，而以科学家工程师作为具有智能的人，可以列出'人力资源能力方程式'。"按照这一方程式进行人力资源能力建设投资，具有重大的投资回报率。[①]

　　我们期望中国永远是世界上人口最多的国家；我们期望中国妇女多生孩子，没有"失独"家庭，少一些老人，多一些青壮年，多一些小孩，没有光棍儿；我们期望有更多的中国人携手并肩，努力建设富裕强大的美丽家园。

---

　　① 牛文元：《中国的可持续发展十年》，北京大学可持续发展国际论坛，2002 年 11 月 24 日。

第八章 中医和西医的生态哲学思考

所有生命都在抗拒大自然的巨大力量中寻求自己的生存。动物生病了会寻找自然药物治疗。人从动物界走出来，继承动物祖先寻求健康的遗产，利用一定的自然条件和自然药物争取健康地生存。经过非常漫长的岁月，经历无数的艰辛、苦难和探索，无数世代的智慧和经验的增长与积累，人类向大自然寻求健康，从生物本能到主动和自觉，大约5000年前，伴随人类文明的曙光，产生了最早的医学。人类最早和发展得最为系统的医学，有古希腊医学、古印度医学和中华医学。人类历史上，医学和医药是不断发展的。现在，服务于我们健康事业的主要是西医和西药，中医和中药只起辅助性的作用。我们提出"健康事业的生态设计"的问题，意思是用生态整体性观点，思考西医和中医，思考人类健康事业的科学途径。其实，奠基于《黄帝内经》的中华医学不仅符合儒家"天人合一"、人与自然和谐的理念，符合道家"道法自然"遵循自然的理念，符合佛家"中道缘起"因缘果报的理念，是中国古代哲学生态智慧的结晶，而且完全符合现代生态学的生态系统整体性的理念。当然，人类已经用现代科学技术武装起来，需要像诺贝尔奖获得者屠呦呦教授那样，用现代科学技术进行中医和中药的新的创造，以更好地为人类的健康服务。

第一节 西医和中医：两种不同的医学文化

西医和中医，根源于不同的哲学思想和思维方式，遵循不同的认识路线，走的是不同的寻求人体健康的道路，创造了两个不同的医疗世界，形成两种不同的医学体系，造就了不同的医学文化。西医来源于古希腊哲学，在探索宇宙奥秘时，着眼于物质元素的质的规定性和量的规定性；强调还原论分析思维，或所谓理性和逻辑思维，并在应用现代科学技术的基础上发展为完整的医学体系。这是以人体解剖学为基础建构的医学理论框架和实践。中医来源于中国古代哲学，强调有机整体论，重在考察事物的整体动态的内在联系，运用整体思维和意象性思维，以人体局部与整体的关系，"司外揣内，取象比内"，从整体上把握人的生命机制，并靠独特的智慧和长期经验积累的基础上发展为完整的医学体系。

　　关于中医与西医，鞠曦先生认为，这是两种不同的医学体系，由于两种不同的哲学和文化传统，表现了东西方两种不同的文化：中医中药的基础是中国"形神中和"的文化；西医西药的基础是西方科学文化。中国哲学与西方哲学不同有三：①中国哲学形神中和，用中道理；西方哲学形神相分，离中道理。②中国哲学推定，所是其是；西方哲学推定，是其所是。③西方哲学因自以为是而形式化；中国哲学因中和为是而方式化，贯通"中和"原理内化于思想方式中。①

一、中医和西医，根源于不同的思维方式

　　立足于不同哲学的中医和西医，遵循不同的思维方式，走的是不同的医治疾病寻求健康的道路，造就了两种不同的医学体系，构建了两个不同的寻求人类健康的世界。

　　西医立足于笛卡儿哲学，依据机械论分析思维，认为"人体是机器，疾病是机器失灵，医生的任务是修理失灵的机器"。它按照还原论的方法，把人体作为一种机器，可以分割成各种各样的部件。这样形成的还原论的疾病观，把疾病归结为器官的病变，是人的某一个器官或部件出了毛病。它把疾病归因于某一特定原因，医生的职责就是排除这一特定原因，通过

---

　　①　鞠曦主编：《恒道》第四辑，吉林文史出版社2006年版，第6页。

物理学或化学方法，纠正或清除出了毛病的部件的机能故障；外科大夫甚至不惜用手术刀割掉生病的脏器。

中医立足于"天人合一"、人与自然和谐的哲学和生命整体性思维，认为人类正常的生命活动和人体健康，是阴阳保持平衡、协调与和谐的结果，而生病则是阴阳不平衡、不协调与不和谐的结果。分辨阴阳是中医诊治疾病的总纲。人生病时看中医，中医大夫首先是分辨阴阳，因为一切疾病的发生都是阴阳失调，通过辨证论治，即阴阳互补、阴阳转化、阴阳调节，重新实现阴阳平衡。这就是《黄帝内经》所说："阴阳者，天地之道也，万物之纲纪，变化之父母，生杀之本始，神明之府也，治病必求于本。"这就是"谨察阴阳所在而调之，以平为期"。

西医药学治"人的病"，按分析性思维，分析"疾病发生在什么地方？哪一个器官出了故障？"通过各种现代化仪器检查、体液化验，以做出准确的判断；为了消除眼见的和实在的人体确定部位的病变，采用化学和物理方法治疗，以排除这个部位器官的故障，选择有严格标准的药物，专门对抗和攻克这种病。为了治病，西药往往由单一或有限几种化学元素或化合物组成，药物的有效成分要求一清二楚，药量准确无误，都要求有生化、生理和病理的非常准确的实验数据标准。也就是说，西医药学治"人的病"，是消除某一个器官的病灶，用单一化学成分的药，解决单一的问题，具有单一性和准确性。它的疗效快，但只善于"治标"，而不善于"治本"。

中医药学治"病的人"，因为人是一个有机整体，生病同整个人相关，与生理、心理、社会、环境等多种因素相关。因而，中医药学主张遵循分辨阴阳这一中医诊治疾病的总纲，对于生病的人实行辨证论治。中医师诊断时，重视"欲知其内者，当以观外；诊于外，斯以知其内"；采用望、闻、问、切"四诊法"，对生病的人的各种信息，进行综合辩证分析，以确认疾病的性质和程度。这是整体性的诊断。医生开的处方，无论是中成药还是汤剂，大部分是复方，一个处方有多种中药，一种中药又有百千种化学成分，它的药理作用和作用机制十分复杂。同时，各种中药材的产地、生长年限、采收加工、炮制与贮存都具有不同的药理作用；中药讲究几种药物之间的配伍，以及药物的炮制。它有多样性、整体性和模糊性的特点。

例如，滑膜炎，一种老年人的常见病。滑膜是关节内结构组织，关节内所有结构如关节软骨、半月软骨板、关节肌腱和韧带等为滑膜包裹，滑膜分泌滑液，在关节活动中起重要作用。滑膜炎，是由于关节退变导致骨质增生、半月板损伤、风湿类风湿、关节结节等刺激滑膜，产生一种炎性反应。它导致膝关节肿胀疼痛，关节伸屈受限制、下蹲困难，甚至肌肉萎缩，非常痛苦。西医的疗法是对抗性的，它依据分析性思维，只是对准膝关节滑膜的病灶，或者用封闭疗法，在滑膜处注射消炎、滑润和止痛药物，只能起短期的止痛作用；或者手术疗法，切除发炎的滑膜，做关节置换的手术，即换关节，但也只能起短期作用。中医不同，它对滑膜炎的疗法，依据整体性思维，不是针对病灶而是针对全身，认为滑膜炎根源于肾脏之阴阳失调，通过调理经络，补肾以拔除病根。

二、中医和西医不同的主要表现

中医和西医的区别，中医养生固本，西医治病救命。

1. 中医和西医根源于东西方两种不同的哲学

中国著名哲学家梁漱溟先生，对中西医的区别做了精彩的哲学表述。[①]他说："我思想中的根本观念是'生命'和'自然'。以这一观念看宇宙，它是活的，一切以自然为宗。"这种根本观念的不同，正是中西医学的区别所在。西医是身体观，中医是生命观。所谓"身体观"就是把人体看成一个静态的、可分的物质实体；所谓"生命观"就是把人体看成一个动态的、不可分的"整个一体"。

由此导致了两者根本方法的不同：西医是静的、科学的、数学化的、可分的方法；中医是动的、玄学的、正在运行中不可分的方法。但西医无

---

① 梁漱溟：《中西医的根本观念》，《中医书友会》，2015 年 8 月 24 日。

论如何解剖，其所看到的仍仅是生命活动剩下的痕迹，而非生命活动的本身；中医沿袭道家的方法从生命正在活动时就参加体验，故其所得者乃为生命之活体。

西医是走科学的路，中医是走玄学的路。"科学之所以为科学，即在其站在静的地方去客观地观察，他没有宇宙实体，只能立于外面来观察现象，故一切皆化为静；最后将一切现象，都化为数学方式表示出来，科学即是一切数学化。"科学但不一定真实，因为真实是动的不可分的，是整个一体的。在科学中恰没有此"动"，没有此"不可分"；所谓"动""整个一体不可分""通宇宙生命为一体"等，全是不能用眼向外看，用手向外摸，用耳向外听，乃至用心向外想所能得到的。玄学恰是内求的，是"反"的，是收视返听，向内用力的。中国玄学是要人智慧不向外用，而返用之于自己生命，使生命成为智慧的，而非智慧为役于生命。

道家与儒家都是用这种方法，其分别在于"儒家是用全副力量求能了解自己的心理，如所谓反省等；道家则是要求能了解自己的生理，其主要的功夫是静坐，静坐就是收视返听，不用眼看耳听外面"。

中西医学的"根本观念"来源于中西方不同的哲学本体论。西方唯物论、唯心论两大阵营是对立的，中国则是统一的，可称为"唯生论"。生命本来就是一个统一的整体，不仅物心统一、身心统一，而且天人统一、物人统一。在笔者看来，统一生命的本体就是"气"，中医的"气本论"最接近宇宙的本质本体。

2. 西医治"人的病"，中医治"病的人"

中国中医科学研究院研究员岳凤先教授，总结了自己的实践经验，发表了很好的看法。他大学时学习西医，后来读中医研究生，走上中药现代科学研究之路。他著《中医治"病的人"，西医治"人的病"》[①] 一文。他指出，关于中医西医的区别和优劣，首先需要澄清几种误解：第一，说到中医药，总要说"取其精华，弃其糟粕"；但说到西医则不必，好像它全

---

① 岳凤先：《中医治"病的人"，西医治"人的病"》，《生命时报》，2010 年 3 月 3 日。

是精华而无糟粕。其实不然，就药物而言，西药的不良反应，已经成为既治病又致病的突出问题，西药不断有被淘汰的药物，甚至有用药致病致死的。第二，"中医药是一个伟大的宝库"，这样，中医药学就只是"淘宝"，而不必科学研究了。这不能体现中医药学的优势。第三，"西医看病不去根，毒性大；中医看病去根，毒性小"。这只是一种感受，不能反映中、西医药学的优势与劣势。第四，中医药的优势是"简便价廉"。也就是说，它只是民间医药，或草医草药。此外，中医药疗效慢副作用小，西医药疗效快副作用大，如此种种，这些说法，回避西医药的劣势，又难以发挥中医药的优势。这是中国医生的表述。

3. 中西医的区别根源于不同的思维方式

西医的分析论重微观，中医的整体论重宏观。西医依据分析性思维，立足于人体解剖学成果。人有了病看医生，医生诊病看准和针对症状，哪里有病指向哪里，采取对抗措施消灭病灶，用抗生素杀死细菌，或者哪个脏腑有病把它切掉，胆结石切胆，脂肪肝切肝，肾病切肾，诊治的过程如同暴力，如同镇压和战争。它对每一种病有一个方子、一个标准，对所有人都用这个方子和标准，所谓"千人一方，万人一方"。

中医依据整体论思维，人有了病，看重和针对病因，主要不是指向病而是指向人，依据人的精、气、神，各人有各人的情况，是"法无定法"，因而中医诊治疾病是"一人一方"。它依据各人不同的情况，通过调理各人的经络，即使是吃药也是平衡人的阴阳，去除人的病变，恢复健康。

岳医生认为，这是由于中西医的知识构成不同造成的，中医药学是以宏观知识为主体构成的知识体系，其优势在宏观，劣势在微观；西医药学是以微观知识为主体构成的知识体系，其优势在微观，劣势在宏观。体现在医疗实践中，在对待人体、药物及两者的关系中，中医药学的准确性好，精确性差；西医药学的精确性好，准确性差。

岳医生认为，鉴于现代人的知识结构的主体是微观知识，与西医药学知识相吻合，因而现代人更相信西医药学的优势，不易认识它的劣势和中医药学的优势。例如，对持续高热的病人，西医用多种抗生素而常常无效；中医则认为，此类病人虽然体温高，实属假热真寒证，应用甘温除大热的方法治疗，停用抗生素而用温补药。实际上，体温40摄氏度的人，有的属于实热证，有的属于假热真寒证。不同状况的人，不能一律用抗生素来治疗。总之，中医药学，诊治疾病是把诊治"病的人"放在第一位，故不伤人而准确；西医药学，诊治疾病是把诊治"人的病"放在第一位，允许伤人而不准确。中医治"病的人"，西医治"人的病"，这是两者的主要区别。

4. 药与非药，毒与非毒，中、西医药学不同的界定

西医药学对药与非药、毒与非毒有明确的界定，药就是药，毒药就是毒药。它主要是化学合成物，由单一或有限几种化合物组成。一种化合物确定为药，那是非常严格的，它的成分、质、量和作用机制都有明确的实验数据，它的生理、生化和药理的作用机制与指标有明确的规定，用于治病需要经过长期严格的动物实验，有明显准确的实验数据支持。药就是药，不是什么物质都可以是药。

例如，中医药学把水、火、土、金石等列为"药"，这在西医药学是不可理解的，但在中华医学文化中，它已经为人类健康服务了2000多年，并至今仍然作为药物，对人类治病或保健，继续发挥它的重要作用。

砒石，即砒霜，是毒性很强的无机化合物，很小的量就可以置人于死地。但1000多年前它就进入药典，现在我国从砒霜中提炼的亚砷酸注射剂已经上市，对治疗白血病有很好的疗效，继续作为治病救人的药物。这在中医药中是非常普遍的，例如常见中药生川乌、生附子、生半夏、生南星等，本身都有毒性，但经过蒸、煮、晒等合理炮制，就可以去毒成为良药。

何首乌，一种蓼科多年生草本植物，含蒽醌衍生物，主要是大黄酚和大黄素、大黄酸和大黄素甲醚，具毒性，长期服用对肝肾功能有损害。但选其块根，用黑豆汁反复炖蒸炮制，去除其有毒成分，成为"制首乌"，从损害肾功能，变为能固肾又益精乌须的滋补良药。生附子、生半夏有毒

性，分别用甘草和生姜配伍，就可以消除它们的毒性。①

药与非药，毒与非毒，西医认为它有绝对分明的界限。中医的思维不同，于智敏认为，中国古代是"毒""药"不分的，甚至把所有的药物都称为毒药，如《周礼·天官》："医师掌医之政令，聚毒药以供医事。"《景岳全书》："药，谓草、木、虫、鱼、禽、兽之类，以能治病，皆谓之毒""凡可避邪安正者，皆可称之为毒药"。这里所谓"毒"有三层意思：第一，"毒"指药物的偏性，《类经》说："药以治病，因毒为能，所谓毒者，以气味之有偏也。盖气味之正者，谷食之属是也，所以养人之正气；气味之偏者，药饵之属是也，所以去人之邪气。"《医学百问》说："夫药本毒药，故神农辨百草谓之尝毒，药之治病无非是以毒攻毒，以毒解毒。"第二，"毒"指药物作用的强弱，例如著名中药乌头、附子、巴豆、砒霜、大戟、芫花、藜芦、甘遂、天雄、莨菪等，在一定的量的范围内它是药，超过一定的量的范围它是毒。第三，"毒"指药物的毒副作用，即所谓"是药三分毒"。②《周礼·天官》说："凡疗疡，以五毒攻之。""五毒"指：石胆、丹砂、雄黄、礜石和磁石。它们都有毒，但经过一定的炮制或配伍可以制成疗伤的好药。

服用有毒的药有一定的规则，《黄帝内经·五常政大论》指出：凡用大毒之药，病去十分之六，不可再服；一般的毒药，病去十分之七，不可再服；小毒的药物，病去十分之八，不可再服；即使没有毒的药物，病去十分之九，也不必再服。以后就用谷类、肉类、果类蔬菜饮食调养，使邪去正复而病痊愈，不要用药过度，以免伤其正气。

中医药学认为，人体生病是阴阳失调，需要通过调节阴阳，阴阳互补，重新实现阴阳平衡和谐。中医的药性有阴有阳，要分辨阴阳，用药讲"中和"，因而中药非常重视"配伍"，把握疾病"虚实并见""寒热错杂""数病相兼"，使用药物配合，使各种药物相互作用，或者增强各种药物的

① 李金良：《中药产品国际化的文化传播战略》，《中国软科学》，2009年第1期。
② 于智敏：《中国古代"毒""药"不分》，《北京晚报》，2013年4月10日。

药效，或者抑制和消除药物毒性。这是中医文化的优秀特点。

5. 治已病与治未病，中、西医学不同的医学目标

人们生病看西医，医生首先问："你哪里不舒服？"西医的目标是"治已病"，疾病发生了才看医生，病没有发生是不需要找医生的。西医医生，把已患疾病治好了，就是高明的医生，得了重病难病治好了，就是非常高明的医生。

中医不同，《黄帝内经》说："合人形以法四时，五行而治"，"是故圣人不治已病治未病，不治已乱治未乱，此之谓也。夫病已成而后药之，乱已成而后治之，譬犹渴而穿井，斗而铸锥，不亦晚乎！"中医认为，中医医生分三等：一等"治未病"，人总会患病，最高明的医生在疾病未发时，或者刚刚萌发，就能火眼金睛地看出并把它排除了。这是最高明的医生。二等"治已病"，医生把一般的疾病治好了。这是二等的医生。三等"治重病"，重病患者，他的病情全部暴露，你治好了，这是医生的最基本要求，因而这是三等医生。

中、西医学的这种不同的医学目标，表示中西不同的医学文化。

中华医学为了实现人类健康的目标，提出"不治已病治未病"方略。为了实施这个方略，中医认为防病是第一要务。《黄帝内经》是中华医学理论基础，它的第一卷第一篇《上古天真论篇第一》主要论述养生和养生方法；接着第二篇《四气调神大论篇第二》主要论述"不治已病治未病"的医学目标，可见这两个问题对人类健康的最重要意义。

6. 养生固本是中医的优点

以治未病为本，中医认为，人的健康以预防疾病为首，因而强调养生。《黄帝内经·上古天真论篇第一》认为，养生可以使人无疾而终百岁乃去："上古之人，其知道者，法于阴阳，和于术数，食饮有节，起居有常，不妄作劳，故能形与神俱，而尽终其天年，度百岁乃去。"

如何实现这样的目标？它指明养生的主要方法是：

第一，"夫上古圣人之教下也，皆谓之虚邪贼风，避之有时，恬淡虚无，真气从之，精神内守，病安从来。是以志闲而少欲，心安而不惧，形

劳而不倦，气从以顺，各从其欲，皆得所愿。故美其食，任其服，乐其俗，高下不相慕，其民故曰朴。是以嗜欲不能劳其目，淫邪不能惑其心，愚智贤不肖，不惧于物，故合于道，所以能年皆度百岁而动作不衰者，以其德全不危也。"

第二，"中古之时，有至人者，淳德全道，和于阴阳，调于四时，去世离俗，积精全神，游行天地之间，视听八达之外，此盖益其寿命而强者也，亦归于真人。"

第三，"其次有圣人者，处天地之和，从八风之理，适嗜欲于世俗之间，无恚嗔之心，行不欲离于世，被服章，举不欲观于俗，外不劳形于事，内无思想之患，以恬愉为务，以自得为功，形体不敝，精神不散，亦可以百数。"

第四，"其次有贤人者，法则天地，象似日月，辨列星辰，逆从阴阳，分别四时，将从上古，合同于道，亦可使益寿而有极时。"

这里说的上古圣人、中古至人、圣人和贤人，4种养生者的养生方法，主要是人的精、气、神的调养，比如，注意精神修养，注意饮食起居的调节，注意和适应环境天气变化，顺从阴阳，注意锻炼身体，这样就可以去病和延年益寿。

依据《黄帝内经》，中医学界认为，养生的"三大法宝"是精、气、神。人的精充、气足、神全，这是人体健康的象征；精亏、气衰、神怯，这是人体衰老的标志。

"精"，《黄帝内经》讲"精神内守，心安而不惧"。它是人的气质的主要表现，一是内生之精，来源于先天遗传物质，是从父母遗传下来的，起生命之源的作用；二是后生之精，来源于食物化生的营养物质，属于后天之精。先天之精，需要营养物质补充才能维持人体的生命活动，它与呼吸大自然的精气和营养物质，共同组成后天之精。这样就会精神焕发。

"气"，《黄帝内经》说："百病生于气也。怒则气上，喜则气缓，悲则气消，惊则气乱，劳则气耗……"又说，"气从以顺，真气从之"。气是维持人的生命活动的精微物质，又是人的脏腑组织的功能活动；它既是物质又是功能，既是能量又是信息。气，推动经络、血液的运行，气化物质和能量的转化过程，是人体新陈代谢的动力，促进人体生长发育，维持人的脏腑器官的功能活动，调节人的体温；具有抵御邪气、护卫肌体，防止外邪入侵，与病气做斗争的防御作用。养生界把"气"分为4种：元气，来源于肾脏，肾脏藏精，转化在气；宗气，积于人体胸中的气；营气，运行于血液中的营养物质，起滋养作用；卫气，运行于体表，起保护人体、抵御外邪的作用。管仲说："善气迎人，亲如兄弟；恶气迎人，害于戈兵。"

"神"，《黄帝内经》讲"形体不敝，精神不散"。精与神是联系在一起的，所谓"生之来谓之精，两精相搏谓之神"。它的功能是思考或思想，"心之官则思"，"变化不测谓之神"。有一种说法："得神者昌，失神者亡"，因为神统领精和气，是生命活动和活力的综合表现。

养生"三大法宝"，"精"是首要的，寡欲以养精，寡言以养气，寡私以养神；规律的生活，充足的睡眠，合理的饮食，适当的运动；经常读书学习，勤于思考，处世有一颗平常心，等等。这是精、气、神的修炼，三者保全和统一，就能"德全不危""百岁乃去""尽终天年"。

7. 针灸，中医独有、西医没有的医学瑰宝

针灸是针法和灸法的合称。前者是用特制的针具刺激人体一定的经络穴位，后者是用艾绒等物熏灼人体一定的经络穴位。不用吃药打针就可以医治人的疾病，或减轻人的痛苦，达到防病治病的效果。对它早在《黄帝内经》中就有丰富的论述，在我国医疗实践中有广泛应用。例如针刺麻醉，病人接受手术时不用打麻药，用针刺一定的穴位达到镇痛效果，病人在完全清醒的情况下接受手术，但没有痛苦。明朝万历年间，杨继洲编著10卷本《针灸大成》，总结了中华医学针灸的重大成就。

中医讲"气"，《黄帝内经·生气通天论篇第三》开篇说："黄帝曰：夫自古通天者，生之本，本于阴阳，天地之间，六合之内，其气九州、九窍、五藏、十二节，皆通乎天气。""经络"分经脉和络脉，组成如网络状的气血运行通路，在经络上有361穴，称为"穴位"，刺激穴位以利于气

血运行。

一根小小的银针刺进人体，不用吃药不用打针，就可以达到防治疾病的效果，西方人觉得神奇，不可思议。人们或赞叹为之倾倒，或感到困惑疑问重重。但用针刺的方法，治疗了关节炎、哮喘、焦虑、痤疮、不育症等等许多疾病，又使人不得不信服。

美国《华尔街日报》报道，科学家正在利用高科技手段证明针灸疗法。例如，①神经成像研究显示，针灸能让激起疼痛的大脑区域镇静下来，并激活与休息和复原有关的大脑区域。②多普勒超声波研究显示，针灸加大了区域的血流量。③热成像显示，针灸能减轻炎症。④科学家还在中国古代针灸概念和现代解剖学之间发现了对应性，一些经脉循着大动脉和神经运行。⑤疼痛和康复治疗专家说："如果一个人有心脏病，疼痛可能经过胸口向下扩散到左臂。这是心经循行的路线。胆囊疼痛会辐射到右臂上，这正是胆经循行的路线。"

因而，美国科学家认为，针灸可能通过多种机制发挥作用，包括刺激人体以增加血流量和促进组织修复，并向管理疼痛的神经和能重启自主神经系统的大脑区域，发送神经信号。佛蒙特大学的研究显示，当针刺入人体并转动时，会出现一种奇怪的现象：结缔组织缠绕在针上，就像意大利面条缠绕在餐叉上一样。神经病学家说：这种针法使结缔组织的细胞得以伸展，就像推拿和瑜伽所做的那样。①

除了针灸，还有许多中医独有、西医没有的医疗方法，如拔罐、刮痧等等。中医根源于中医学理论和中国人的医疗实践，服务于中国人的健康，已经有 2000 年的历史，它千古不变、长盛不衰，至今仍然在为中国人的健康服务。这是中国医学的宝贵财富。

总之，如（美国）美洲中国文化医药大学原校长崔巍先生指出的："中医和西医不同，西医强调的是科学分析和定量化；中医则把人看作一

---

① 梅琳达·贝克：《解码古老疗法》，《参考消息》，2010 年 3 月 25 日。

个整体，强调和谐与平衡。"① 它们是依据不同的哲学、不同的思维方式，从不同的角度或不同的层次，认识人体和人体健康而形成的医学体系，形成两个不同的人体世界。它们是不同的，没有通约性，是不可通约的。

第二节　现代医学："生物医学模式"分析

现代西医药学是一种"生物医学模式"。它立足于笛卡儿哲学，认为"人体是机器，疾病是机器失灵，医生的任务是修理失灵的机器"；它立足于人体解剖学，人生病是人体某一个脏腑出了问题，需要采取对抗措施消灭病灶，甚至手术摘除出了问题的器官。

一、"生物医学模式"的特点

"生物医学模式"，按照还原论的方法，把人体看作机器，这一机器又可以分割成各种各样的部件，治"人的病"，是治人体某一处器官或一个部件的毛病。这种还原论的疾病观，把疾病归结为器官的病变，是人的某一个器官或部件出了毛病，其上有了病灶；同时，它把疾病归因于已知的某一特定原因。据此，医生的职责就是排除这一特定原因，通过物理学或化学方法，纠正或清除出了毛病的部件的机能故障；或者应用化学合成药剂攻击病灶，或者用手术刀割除患病的器官，达到恢复健康的目的。

这种"生物医学模式"，实质上是把人当作动物，而不是当作人。而且，只顾身体的机器部件，不顾人的整体。医生看"人的病"，并把疾病只看作是部件有了病灶，而不是整个人，社会中生活的人，自然中生活的人。它完全忽视患病的器官与其他器官的关系，器官与整体的关系。但是，人是生命有机整体，某个器官离开人的整体只有死亡；忽视人的整体性，忽视患病的器官与其他器官的关系，忽视心理、社会和环境对疾病的影响，这样看待和处理人的健康与疾病问题，是不科学的。科学家指出，

---

① 《参考消息》，2006年9月19日。

这样的话，甚至连普通的感冒也不能做出科学的说明，更不用说像癌症这样的疾病了。

二、"生物医学模式"的问题，医德缺失

同这种还原论疾病观相联系，"资本"进入人体健康领域，发展了发达的医药商品市场。西医各科分得很细，内科、外科、妇产科、儿科等等。为了治病，需要建设专科医院，或综合的大型医院分设各种专科；需要培养各种医科分支的医生和其他护理人员；需要大量各种各样的药品、检测仪器和医疗设备……药品、检测仪器和医疗设备需要不断更新，不断有新产品新设备问世。适应这些需要，发展了巨大的医疗产业、医药资本市场和医药商品市场。

问题在于，现代医学，在治"人的病"的名义下发展，应用现代科学技术，高科技同"资本"结合或联合发展。它应用高科技建设的大医院拥有高科技的医生、药品、检测仪器和医疗设备，它的主要目标不是治"人的病"，而是为利润最大化服务。例如，药业生产联合企业，为了实现利润最大化，不仅生产治"人的病"的药物，又不断变着花样生产和销售各种新产品；而且生产大量对健康无益，甚至不能解除疾病的药物。它受追求利润的驱使，目的不是维护人体健康而是销售商品。为了销售商品，药品制造商把编写的"医生案头参考"发送到医生手里，医生成为各种新药的"推销员"。但是，这些化学制品，许多对人的整体健康是无益的，而且它的服用可能使人的整体动态平衡被打破，真正的病理性变化发生了，形成新的损害人体健康的疾病。它没有起维护健康的作用，而是制造了健康危害。

最近的例子是，英国《每日邮报》报道，欧洲委员会议会下属卫生委员会主席沃尔夫冈·沃达格说：制药企业为赚取巨额利润，经由影响世界卫生组织的决策，夸大甲型 H1N1 流感疫情危害程度。他说："制药公司曾安排自己人到世界卫生组织以及其他有影响力的机构，这些人最终促使世界卫生组织降低'甲流疫情大暴发'定义的门槛。"他认为，这场被夸大

的甲流疫情其实是"本世纪最大的医学丑闻之一","在我们眼前，其实只有轻微的流感和一场造假的疫情"①。

医药是公益事业，以"仁德为先"，不能作为普通商品经营，否则可能为不法者作为赢利的工具坑害百姓。一则资料说：一盒抗生素出厂价不过5元，可到了医院便成了50元；医院口腔科一颗售价2500元的纯钛烤瓷牙，出厂价只需16元；一个国产心脏支架出厂价不过300元，可到了医院便成了2.7万元；一个进口心脏支架，到岸价不过760元，到了医院便成了3.8万元。这是一种犯罪的行为。

三、"生物医学模式"需要转变

现代医疗事业，各个国家都做了巨大的投资，建设了非常庞大的医疗事业体系。但是，现在许多国家包括最发达的美国，都存在严重的医疗问题，老百姓看病难、看病贵的问题。进行了一次又一次的医疗改革，但是看不到解决问题的希望。

这是对现代医疗事业的重大挑战。大家都体会到，现在的医院主要是西医院，楼房越盖越多、越高、越大；医疗设备越来越全，越来越高、精、尖；各科医生也越来越全，越来越多，越来越高、精、尖。但同时，病人也越来越多，病情越来越重，看病越来越难、越来越贵。

这些"越来越"表明，我们的用力越来越大，但问题越来越多。它困扰着我们，期待现代社会解决公众的疾病和健康的问题。这是一个"生存还是死亡"的问题，一个非常重要非常复杂的问题。我们思考这个问题时认为，医学需要转变的时候已经到来，比如需要新思维转变对问题的思维方式，用生态学整体性观点对人类健康事业进行生态设计，当前有两点也许是值得注意的。

1. 科学技术的全面理解和在医学领域的应用

在现代科学技术有了飞速发展的基础上，应用高科技，人们对人类的

---

① 《北京晚报》，2010年1月13日。

身体，人的种种生理和心理的结构、功能、运行机制，有了更加科学的认识；对人类疾病和健康的问题，有了更加科学的认识；对如何解决人类疾病和健康的问题，即医药卫生事业有了重大的发展和进步。我们已经具备解决公众医疗问题的科学技术条件。但是，存在一些问题，其中一个问题是改革现代医学模式的问题。

现代医学模式，被称为"生物医学模式"。它的主要问题是，把人只当作动物，又把人看作一台机器，以这种还原论分析思维对待人的疾病和健康的问题时，既排除了人是活的系统，是生命有机整体的考虑；又排除了社会、心理和环境对人的疾病和健康的影响。这样理解人及人的健康和疾病，不仅是机械的，而且是抽象的。因而这种医学模式是片面的。我们说，现实的人是生命有机整体，离开生命整体的任何器官都只能是一种冰冷的有机物而已；而且，人不仅以生命有机整体存在，脱离社会和自然的人，也只能是尸体。现实的人以社会的形式在自然界存在，不能脱离社会和自然因素而存在。从世界是"人—社会—自然"复合生态系统整体性的观点，"没有任何生命现象与分子无关，但也没有任何生命现象仅仅是分子现象"。

因此，科学的医学模式，解决人类疾病和健康的问题，需要超越笛卡儿的观念，需要一个新的模式，依据生态系统生命观，从人是生命有机整体的观点，人与社会、人与自然不可分割的观点，把人的疾病的生物学研究与人的整体，与社会、心理、环境因素联系起来，疾病才能得到科学的说明和医治。因而，医学需要超越笛卡儿模式，走向医学新模式："生物—社会—心理—环境统一"的模式。

2. 医疗疾病的伦理问题，确立"医者仁心"的道德

医疗事业，是救死扶伤的事业。它以纳税人的钱发展起来，应该为纳税人服务。而且从根本上来说，医学以人的健康为根本宗旨，如果以赚钱为根本宗旨，以医学事业为手段赚国家的钱、赚患者的钱，那是道德原则的问题。医学事业、医药公司、医药产品生产厂家、医药产品商家、医院和各种医疗卫生机构和所有医护工作者，从事"救死扶伤"的崇高事业，

必须具有高尚的医德，这就是中医说的"医者仁心"，行医不能有悖医德，这是医者的社会责任。

1000多年前，孙思邈提出"大医精诚，医者仁德为先"的医学理念。在中华医学典籍《备急千金要方》第一卷《大医精诚》一文中，提出医德的两个问题：第一是"精"，要求医者要有精湛的医术，医道是至精至诚之事，习医的人必须"博极医源，精勤不倦"。第二是"诚"，要求医者要有高尚的品德修养，对病人一视同仁"皆至新尊"，"华夷愚智，普同一等"，"如见彼苦恼，若己有之，感同身受的心，策发大慈恻隐之心，进而发愿立誓，普救含灵之苦，且不得自逞俊快，邀射名誉；不得恃己所长，经略财物。"

中医把医德提到医疗的首位，而且，把"精湛的医术"提到医者德行的第一要务。我们祈望西医在完善医学模式、管理模式和行医道德等方面有重大进步，西医为国为民服务有更多更大的贡献。同样祈望于中医。

第三节　健康事业的生态设计：建立生态医学的医疗体系

中医中药博大精深，源远流长。它的理论体系形成于春秋时期，依据儒家"天人合一"理论、道家"道法自然"哲学，以及"阴阳五行"学说，为之奠定深刻的理论基础。中华医学的创始人，总结中华民族长期同疾病做斗争的历史经验，中华民族的始祖同时也是中华医学的创始人，如伏羲制九针、神农尝百草、黄帝创制最早的医经《黄帝内经》，奠定了中华医学的理论基础。它有5000年深刻厚重的历史文化底蕴，丰富坚实的实践经验，是中华民族的宝贵财富。承传5000年中医学文化，弘扬宝贵的中华医药，应用现代科学技术创新，对健康事业进行生态设计，建立新的生态医学的医疗体系，是建设生态文明的医学文化道路。

一、中医中药是中华民族的伟大瑰宝

成书于约先秦至西汉间的《黄帝内经》，既是当时医学成就的全面总结，又是指导中华医学发展的理论纲领。它奠定了分辨阴阳的医学总纲，系统地阐述了人体生理、病理和疾病的诊断、治疗与预防，是中华医学理论和实践的奠基之作；成书于西汉的《神农本草经》是现存最早的中医药学的经典；东汉名医张仲景的《伤寒杂病论》确立了中医医学临床辨证施治的原则。三大医典标志着中华医学体系的形成。5000 年来，中医中药为中华民族同疾病做斗争服务，为中华民族争得健康服务，至今它继续为国为民服务，历史和现实已经证明，中医中药是中华民族伟大智慧的结晶，几千年来，中医中药为人民的健康服务是有效的。中医中药是中华民族的伟大瑰宝。承传 5000 年中医学文化，弘扬宝贵的中医中药，是我们的医学事业发展的重要途径。

　　1. 中华医学有精深的哲学理论和优秀文化的基础

　　相较于依据希腊哲学和现代还原论分析思维奠定的西医，以人体解剖学为基础构建的医学理论，中医中药依据"天人合一"理论，注重天人相应，脏腑经络，穴道灵台，营卫气血，阴阳五行，辨证论治；注重人体整体与部分的关系，"司外揣内，取象比内"的"整体融通"的思维方法，从整体上把握人的生命机制。这是我国医药学体系的理论源泉。《黄帝内经》指出：

　　——"人与天地相参也，与日月相应也"，"人生有形，不离阴阳"。

　　——"夫四时阴阳者，万物之根本也，所以圣人春夏养阳，秋冬养阴，以从其根，故与万物沉浮于生长之门"。

　　——"阴者，藏精而起亟也；阳者，卫外而为固也。阴不胜其阳，则脉流薄疾，并乃狂；阳不胜其阴，则五脏气争，九窍不通。是以圣人陈阴阳，筋脉和同，骨髓坚固，气血皆从。如是则内外调和，邪不能害，耳目聪明，气立如故"。

　　中华医学依据"阴阳、五行"相生相克、相互转化的原理，分析人体生理和病理，重视脏腑病变的相互影响，形成疾病诊断、治疗的辨证论治的理论和实践体系。

　　分辨阴阳是中医的理论总纲。中医认为，人体生命在阴阳相对平衡的情况下进行正常活动，阴阳平衡受到破坏，阴阳失调，是人体生病的根本原因。人体正常的生命活动，因为阴阳保持平衡，以阴阳统率人的表里、寒热、虚实。表、热、实是阳；里、寒、虚是阴。① 阴阳变化的规律是：

（1）"阴阳互根"，阴阳建立统一，都以对方为自己存在的依据，没有阴就没有阳；没有阳也就没有阴。因为"阴生于阳，阳生于阴"，"孤阴不生，独阳不长。"如果人体"阴阳失调"就是生病了；"阴阳离决"就是生命终止。

（2）"阴阳消长"，阴阳不是静止的而是动态的，或者"阳消阴长"，或者"阴消阳长"；阴阳平衡是动态平衡，不是绝对的永久的平衡。人体阴阳有盛有衰，在一定的限度内有消有长。这是正常的生命活动过程。但是，阴阳消长过程中，某一方太过，出现异常就会生病。

（3）"阴阳转化"，阴阳在一定的条件下相互转化，主要方面或者由阴转阳，或者由阳转阴。中医理论认为，"重阴必阳，重阳必阴"，"寒极生热，热极生寒"，就是这样的。

中医诊断疾病，首先要分辨阴阳，辨别是"阴证"还是"阳证"，"阳盛则热，阴盛则寒"。其次，根据阴阳偏盛偏衰的情况，确立治疗原则。如阴不足要滋阴，阳不足要温阳，以此调整阴阳平衡，达到治愈疾病的目的。

2. 望闻问切，中医独有的疾病诊断法

中医和西医有不同的疾病诊疗方法。西医诊断疾病，依据还原论分析思维，运用各种仪器设备对人的生理变化做出精确的判断，例如，用血压表、血糖仪、血液化验等检查人的血压、血糖、血脂等因素；专用血液化验，尿、便和其他体液化验检测；心电图仪、脑扫描仪、B超、CT和核磁共振等先进设备，检测各种器官的状态，依据人的生理变化的精确的、量的数据，对病人做出诊断。

中医诊断疾病，应用"司外揣内，取象比内"的思维，采用"望闻问

① 崔树德主编：《中药大全》，黑龙江科学技术出版社1989年版，第17页。

切，由表及里"的方法对人的疾病做出诊断。它的基本原理是："欲知其内者，当以观外；诊于外，斯以知其内。"这是"整体融通"的望闻问切"四诊法"。

"望诊"，医生用眼睛对病人之神色、形态的观察，如观面色、舌苔等。

"闻诊"，医生嗅察病人身体器官发出的气味，以及听声音如呼吸、呻吟中的病态信息。

"问诊"，医生通过与病人或陪诊者交谈，了解发病经过、自身感觉及其他起居习惯和环境情况。

"切诊"，通过局部脉诊或按诊，了解人的机体、脏腑、经络、气血等的情况。最初在头、手、足各选择几处动脉诊候，称"三部九候法"。后来演变为只取"寸口脉"，即用食指、中指、无名指三指按病人手腕的寸、关、尺三部分，观察脏腑、经络的情况，并用"四诊法"获得的病理信息，综合辨证以确认疾病的性质和邪正之间的关系，决定辨证论治的方案。

"四诊"辨证论治的医疗方法，依据整体性思维和直觉，"望而知之谓之神"，从人的体表的变化，直观而知病之所在、病因、病理、治疗（方剂和配伍）等。这是整体性理论与意象性思维的科学应用。几千年来，它为中华民族的健康服务，取得巨大成就，积累了丰富的经验。

3. 辨证论治：扶正祛邪，阴平阳秘

辨证论治是中医治病的特点。"辨证"，是对人的疾病发展的某一阶段的病理概括，包括病因，如风寒、风热、瘀血、痰饮等；人体部位，如表、里、脏腑、经络等的症候；辨证论治，是对"四诊"所获得的病理信息进行综合分析，以确定为某种"证"，把握疾病的实质。"论治"，依据上述诊断，确定治疗方法。由于疾病的根本原因是人体机能的阴阳失调，治疗的目的是通过扶正祛邪，重建阴阳平衡。这是1800多年前，东汉名医张仲景在《伤寒杂病论》中确定的"辨证论治"原则，至今仍然是中医认识疾病和治疗疾病行之有效的基本原则。

中医有言"三分治，七分养"。因为人体有神奇的自愈能力，许多疾病可以通过自愈系统康复，在康复过程中，医生和药物所起的作用较少，身体的恢复更多依赖于自我调节。无论是药物的副作用，还是人体由于服药而产生的耐药性，最终都影响了机体的自我修复能力。因而尽管现在的医疗条件很好，但是各种各样的病症却比以前更多，更年轻化、复杂化，滥用化学药物损害自愈系统是原因之一。过分迷信化学药物，忽视或损害人体自愈能力，往往导致对健康的损害。保护和修复人体自愈系统，修复人体自愈力，尽量依靠自身的能力来治愈疾病。保健重于药物，这是中医的根本宗旨，也是医疗的更高层次。

二、"中医学西医"，不利于中华医学的发展

第一次鸦片战争后，100多年来，国人认为必须"以夷为师"，向西方学习，甚至提出"全盘西化"，包括学习西方的兵器，学习西方的宗教（太平天国），学习西方的工业（洋务派），学习西方的政治（维新派），学习西方的科学与民主（五四运动），等等。所谓"新文化运动"，主张全面地向西方学习。这里把西方的长处认识透了，把向西方学习说到家了，并且在许多方面付诸行动了。但是大多没有成功。

1916年，杜亚泉提醒国人说："近年以来，吾国人之羡慕西洋文明，无所不至，自军国大事以至日用细微，无不效法西洋，而于自国固有之文明，几不复置意……盖吾人意见，以为西洋文明与吾国固有之文明，乃性质之异，而非程度之差；而吾国固有之文明，正足以救西洋文明之弊，济西洋文明之穷者。西洋文明，浓郁如酒，吾国文明，淡泊如水；西洋文明，腴美如肉，吾国文明，粗粝如蔬，而中酒与肉之毒者，则当以水及蔬疗之也。"[①] 医学领域也大致是这样。

1. "中医西化"桎梏中医复兴

中华医药学会教授、主任医师李致重指出："半个世纪以来，人们一

---

① 《杜亚泉文存》，上海教育出版社2003年版，第338页。

直执着地用西医的研究方法，对中医进行验证、解释、改造。因而使中医的理论体系不断遭到异化和肢解，使中医的诊疗方式不断朝着经验化的方向倒退。"

　　李教授认为，制约中医学术文化复兴的三大因素：①近代科学主义。它认为，只有西医是唯一的医学科学，不承认中医的科学理论体系，认为中医只不过是一种经验疗法或经验医药。这样，中医科学化是"站在西医的道理上来说中医的事"，以"中医西化"作为中医的发展方向和道路，现在，中医科研"基本西化"；中医研究生教育几乎"全盘西化"；中医本科基础医学课程中西并行，西医多于中医。它已经造成中医医疗、教育、科研、管理的严重"西化"，成为中医复兴的一大桎梏。②近代哲学贫困。中国传统哲学被污名化；用马克思主义哲学对号入座；经验层次的规范导致临床水平倒退。③非典型性文化专制。过时的个人批示至今凌驾于宪法之上；中医行政管理职能划归不合理；"中医诊断标准"严重失当；"传染病防治法"不完善。

　　这样的结果是："中医的发展失去了自主性、科学性；中医理论在西化中异化、解体；中医的临床朝着经验化的方向倒退；原创型的中医人才严重匮乏，而且仅存的这类人才多数处于边沿化的状况……半个世纪以来，中医的医疗、教学、科研、管理，基本上是在错误的方向或道路上挣扎！"[①]

　　2. "中西医结合""中医学西医"，实际上是取消中医

　　1958年毛泽东主席关于中医工作的"10·11批示"，指示"中西医结合"，批示："这是一项严重的政治任务，不可等闲视之！"1958年11月18日《人民日报》发表社论《大力开展中医学习西医运动》。它规定了我国"中医西化"的发展方向和道路，政府通过计划、管理、人事、组织等各个环节，把"中医西化"的方向和道路，从计划经济时期的管理体制上，落实并牢牢地固定下来，一直在走、现在还在走"中医西化"的道

---

　　①　李致重：《中医要发展　必须过三关》，《中国软科学》，2009年第1期。

路。这样，在"中西医结合"名义下，"用西医还原论的观念和方法来整理中医，最终统一为一种医学。因为统一的观念和方法完全是西医的一套，那就在西化中医的同时，也自我否定了'结合'。"①

现实的进程表明，中西医是两个不同的医学世界，它们具有不可通约性。所谓"中西医结合""中医学西医"，实际上是取消中医。因为西医和中医有不同的理论体系、不同的药学理论、不同的诊疗方法，这是医学的两个世界。"中医和西医不同，西医强调的是科学分析和定量化；中医则把人看作一个整体，强调和谐与平衡"。它们走的是两条不同的医学道路。在"中医学西医"名义下，以西医的标准评价中医药的临床疗效；以实验方法、实验证据定量检验和评价中医中药。这种做法实际上收效甚微，并在一定程度上偏离了自己的道路，影响中医自身的发展。这是我们要认真思考的。

三、屠呦呦获诺贝尔奖，推动弘扬中华医学现代化的道路

2015 年，中国中医科学院终身研究员兼首席研究员屠呦呦获诺贝尔奖，在诺贝尔奖设立 120 年来的历史上，第一次把诺贝尔奖颁发给中国女科学家，第一次把诺贝尔自然科学奖颁发给中国本土科学家，第一次让本土中国人获得了生理学或医学奖，创造了诺贝尔奖史上的 3 个"第一"。这对中医药学的发展是巨大的推动。屠呦呦在瑞典卡罗林斯卡医学院发表演讲，介绍了自己获奖的科研成果。她说："青蒿素是中医药给世界的一份礼物。中医药从神农尝百草开始，在几千年的发展中积累了大量临床经验，对于自然资源的药用价值已经有所整理归纳。通过继承发扬，发掘提高，一定会有所发现，有所创新，从而造福人类。"

1. 屠呦呦教授获诺贝尔奖是中医药学的伟大成功

诺贝尔生理学或医学奖评选委员会主席齐拉特说："中国女科学家屠呦呦从中药中分离出青蒿素应用于疟疾治疗，这表明中国传统的中草药也

---

① 李致重：《中医要发展　必须过三关》，《中国软科学》，2009 年第 1 期。

能给科学家们带来新的启发。经过现代技术的提纯和与现代医学相结合，中草药在疾病治疗方面所取得的成就'很了不起'。"

屠呦呦的最大贡献是，她发现了青蒿素，开创了疟疾治疗的新方法。第一，她首先把青蒿素带到"523"项目（1969）；第二，她发明青蒿素的有效提取方法，第一个提取出有100%抑制率的青蒿素；第三，她第一个做了青蒿素抗疟临床试验。3个"第一"，使得随后青蒿素化学结构提出、鉴定与临床研究得以顺利进行。这是对抗疟疾的核心性的原创性学术成就。因而，2011年，她获拉斯克奖。这是医学界的诺贝尔奖。

屠呦呦抗疟新药"青蒿素"研究成就的另一种表述是3个"最先"：①最先发现青蒿乙醚提取物的高效抗疟作用（1971年10月4日）。②最先经过动物实验及人体试验，首先在自己身上试药，是第一个做临床试验的人，经临床试验，证实青蒿素结晶对疟疾患者有效（1973年9—10月）。③最先从青蒿中提取出青蒿素结晶（1972年11月8日），用沸点78摄氏度的乙醇提取改为用沸点35摄氏度的乙醚提取，她第一个解决提取温度的问题。随后，她参与研究青蒿素的化学结构，她是青蒿素衍生物的发明人。青蒿素是脂溶性药物，水溶性不好。水溶性不好，药性就不好，提高水溶性，服用后就比较容易吸收。双氢青蒿素吸收性能比较好，它的发明使青蒿素有效率达到100%。

2. 屠呦呦获诺贝尔奖将推动中医药学重大发展

中医药现代化的路在何方？青蒿素研究成果的取得及屡次获奖清晰地回答了这些问题，尤其是关于中药现代化的问题。1969年2月，屠呦呦接受了中草药抗疟研究的任务，开始搜集相关的历代医学资料并进行实验研究，可是屡经失败。天然植物中青蒿素含量很低，东晋葛洪所著《肘后备急方》中写道："青蒿一握，以水二升渍，绞取汁，尽服之。"正是其中的"水渍"和"绞汁"让屠呦呦琢磨出青蒿素可能不耐热，只能用低温萃取。屠呦呦发明的青蒿素低温萃取法不仅是一种方法创新，更是一种思路创新。屠呦呦的创新有两个：一是改"水渍"为"醇提"，因为青蒿素为脂溶性而非水溶性，适合用有机溶剂提取；二是改"高温乙醇提取"为"低温乙醚提取",因为高温会使青蒿素失效。改用"冷萃取法",屠呦呦之前很多人都用各种传统的中草药提取,屠呦呦最后锁定青蒿,这是第一个贡献;第二是在同行普遍用煮的办法来提取的时候,屠呦呦采用了乙醚进行提取。如今,青蒿素的结构已被写进有机化学合成的教科书中,奠定了今后所有青蒿素及其衍生药物合成的基础。以现代中药药物化学及分子药理学研究为核心的中药现代化,常规的化学合成方法,首次实现了抗疟药物青蒿素的高效人工合成,使青蒿素有望实现大规模工业化生产。

3. 传统中医药与现代科学技术相结合

屠呦呦教授说:"青蒿素是中医药给世界的一份礼物。"中国古代医学有青蒿治疟疾的记载。340年,东晋医学家葛洪指出青蒿的退热功能,李时珍在《本草纲目》中指出它能治疟疾寒热。我们的祖先有青蒿治疟疾的经验。但是,葛洪的绞汁使用和煎煮的方法,在高温的情况下它的有效成分低。屠呦呦教授发现用乙醚冷浸得到的提取物,有效成分达100%;1972年,屠教授报告,青蒿提取物对疟疾的抑制率达到100%;1973年,北京中医研究所获得青蒿素的结晶;随后,有机化学家完成青蒿素化学结构测定;1984年,中国科学家实现青蒿素的人工合成。这是古老中医与现代科学技术结合的光辉范例。

在科技界祝贺大会上,中国中医科学院的院长张伯礼院士说:"古老的中医是宝贵的,但是由于历史条件所致,现在真正把它拿出来必须和现代科技相结合。青蒿就是一堆草,但是变成青蒿素就不是草,是一个宝。所以这个奖得到以后,激励我们更深入地去汲取中医的精华,更大胆地采用现代的技术,两者巧妙地结合,产生更多的原创性成果。"他说:"中医原创的思维、原创的经验和现代科技结合,就是原创性成果。青蒿素的研究就是这条路径。我们更加大胆、深入地提取中医药的精华,更加大胆地结合现代科学技术,做出更多贡献,解决更多问题,不但服务于中国人民,也服务于世界人民。"

四、屠呦呦获诺贝尔奖推动中华医学走向世界

国家卫生计生委、国家中医药管理局在贺词中说："屠呦呦的获奖，表明了国际医学界对中国医学研究的深切关注，表明了中医药对维护人类健康的深刻意义，展现了中国科学家的学术精神和创新能力，是中国医药卫生界的骄傲。让中医药走向世界，为人类做出更大的贡献。"中国科学院院士、上海中医药大学校长陈凯先教授说："经过中国科技工作者几代人的努力，我们终于在诺贝尔自然科学奖上获得突破。获奖本身意义很大，但更重要的是，这是中国科学走向世界的新开端，相信今后会有更多成就被世界认可。"

"中医药走向世界"，首先要恢复中医在中国人的健康事业中的地位。现在，我们的医疗体系中，西医西药是占主导地位的，它为国人的健康服务，成绩是显著的。我们需要它继续为国人服务，这是没有疑问的。但是，它的问题也是大大的，我们医疗改革多年成效不大，虽然有许多复杂的原因，但同现代医学"生物医学模式"的片面性不是没有关系的。这是我们应有清醒的认知的。而且，我们应当时时牢记，中医中药是我们自己的宝贵财富，5000年来，它比西医有更悠久的历史、更辉煌的成果，更有智慧和价值，有更强大的生命力。从上述分析，我们对中国医学有这样几点看法：

1. 突破西医占统治地位的局面

现在我国医学，是西医占主导地位。无论是国家对医学事业的投资、医学教育、科学研究和人才培养，还是医学院校设置、医院和各种医疗卫生事业建设，以及人民寻求疾病的防治和身体健康的途径等等都是以西医为主。我们承认这种现实，尊重这种现实。但是，我们期望，第一，当前的西医"生物医学模式"有片面性方面，期望医学改革，从"生物医学模式"，向"生物—社会—心理—环境统一"的模式转变，以使医学医药更好地为国为民服务。第二，我们的医学医药有被"资本专制主义"的方面，期望医学改革，摆脱或控制医学作为赚钱的工具，而真正成为为国为

民健康服务的手段。第三，我们的医学医药有不平等不公正的现象，有不符合高尚医德的现象，期望通过医疗改革，实现医疗的公正平等，"医者仁心"，医生真正以"救死扶伤"为第一宗旨。

现在我国医学，有西医和中医两个医学世界、两个医疗系统。由上面我们的叙述可知，这是两种哲学、两种文化传统的产物。这也是我国医学的现实。我们要承认这种现实，尊重这种现实。

同时，我们需要注意到，西方认为只有一个世界，医疗就是西医，他们的医疗世界是最好的世界，全球所有地方都要成为像他们那样的世界。他们不认为中医也是医学，上面提到西方有人在研究"针灸"或研究中医，这是个别人的个别行为，在总体上，他们不承认中医。

我们的医学界也有这种现象，总是以还原论分析思维，以实验和分析方法，以实验证据和定量检验数据来评价中医中药，如果不这样做就不算科学，要拒之门外。我们期望承认医学的两个世界，尊重医学的两个世界。

中医中药作为中华民族的创造，是中国最具原创性的领域。它是中华民族同疾病做斗争的伟大智慧的结晶，是中华民族5000年同疾病做斗争的经验总结，是中华文化的伟大瑰宝。在医学医药领域走中国自己的道路，复兴中华医学，弘扬宝贵的中华医学，保护、应用和发展中医中药，让中医中药更好地为国为民服务。李致重教授指出，我们要从中医复兴看到人类医学革命的未来发展大目标。他说："中国人要明白：其一，中医是世界传统医学中，唯一具有成熟概念（范畴）体系的理论医学。其二，在世界上高度重视传统医学的今天，中医的复兴很可能成为推动人类医学革命性发展的强大动力。其三，中国在中医工作上一定要多做成绩，少犯错误，不辱使命。"①

2. 体外培育牛黄，中医药创新的典型事例

2002年，凤凰卫视著名主持人刘海若遭遇车祸受重伤。经著名的英国皇家医院救治40多天，两度昏迷，三次休克，最后判定是脑干死亡，并宣

---

① 李致重：《中医要发展　必须过三关》，《中国软科学》，2009年第1期。

布她已经脑死亡。西医束手无策的时候转向中医。中国医生主要用中医和中药,如安宫牛黄丸,连续几天共吃了 7 丸,奇迹般地挽救了她的生命,她的身体恢复了健康。这是中医优于西医的事例。

安宫牛黄丸是什么? 它是牛黄做的神药。《神农本草经》说:"牛黄乃百草之精华,为世之神物,诸药莫及。"它的应用解除了千百万人的病痛,挽救了千百万人的生命。

牛黄是从患了胆结石的病牛中的提取物。它的自然结石率很低,现在拖拉机代替牛耕地,牛的数量减少,牛黄的产量急剧减少,真是"千金易得,牛黄难求"。国家药典记载数百种中成药以牛黄为主要原料,如安宫牛黄丸、片仔癀、牛磺酸等等。牛黄减少使许多名方名药停产。

蔡红娇教授是我国著名肝胆科专家,1983 年研制出人体外第一颗胆固醇结石。1985—1987 年,她去澳大利亚墨尔本大学皇家医学院胆道外科深造,并于 1985 年进行胆红素钙结石的研究,研制出体外胆红素钙结石。鉴于牛黄(就是胆红素钙结石)在中医药的重要性,她产生了体外培养天然牛黄的想法,并立即回国。1987 年她提出"体外胆囊胆汁内培养牛胆红素钙结石"的课题,采用新鲜牛胆汁,模拟牛体胆结石形成的方法,经过千辛万苦终于培养出体外牛黄。体外牛黄于 1993 年获国家发明专利证书,1997 年被卫生部批准为国家一类新药,并获得生产批文和生产证书,1998 年 4 月正式投产,2003 年获中国药学发展科学奖。这是中药现代化领域的重大发明创新。

专家鉴定认为,体外牛黄与天然牛黄成分相近,它的药理、药效和临床疗效与天然牛黄基本一致。现在,体外培育牛黄从实验室走向产业化,实现规模化和标准化生产,生产工艺成熟,产品质量稳定、安全有效。产品与天然牛黄可以同等使用。蔡红娇教授的发明引发中医古方新变革,被誉为中药现代化的里程碑式的事件,第三届中华中药文化大典(2016)授予她"中药创新终身成就奖"。

3. 发展中医与现代科学技术结合,中华医学走向世界

我们的医学,有中医和西医两个医学世界、两种医学文化,它们相互

竞争，同时存在，和平共处，共存共荣。这是我们的医学现实。

中医走向世界，首先是继承、弘扬优秀的中华医学，发展中医与现代科学技术结合，像屠教授那样，运用现代科学技术成果创造中医中药新成就。为中国人民的健康服务，同时也为全人类的健康事业服务。

屠呦呦获诺贝尔奖后，记者报道说："从神奇的小草中提取的青蒿素及其衍生物，是对恶性疟疾、脑疟有强大的治疗效果、挽救了全球尤其是发展中国家数百万人生命的神奇物质，被饱受疟疾之苦的非洲人称为'东方神药'。"在中医历代文献中、历代本草中、老中医历代祖传的药方中，这样的"神奇的小草"治病的药方很多，被称为"神药"的民间祖传偏方也很多，现在有的已经开发出来，成为医治西医难以对付的许多疑难疾病和慢性病的良药，有的已经成为治疗诸如癌症、心脑血管、糖尿病等许多现代病的良方。中医中药的优越性得到越来越多的人信服。

屠呦呦说："中医中药是一个伟大的宝库，经过继承、创新、发扬，它的精华能更好地被世人认识，能为世界医学做出更大的贡献，为世界人民造福。"2004年5月，世界卫生组织正式将青蒿素复方药物列为治疗疟疾的首选药物，现在全球每年感染疟疾患者超过3亿人，青蒿素的发现和应用，使10多年来疟疾的死亡率下降了50%，受感染的人数减少了40%。青蒿素对恶性疟疾治愈率达97%，它拯救了成千上万人的生命。这是中医药造福人类获得的殊荣。

古老的中华医学与现代科学技术结合，在继承传统中医药精华的基础上，应用现代科学技术研究中医化学，从它的药理、制剂和临床应用等方面，研究、创造和开发更多更好的新药，走出一条新的服务于人类健康事业的道路。这是我们共同的企盼。

中国宋代哲学家张载说："为天地立心，为生民立命，为往圣继绝学，为万世开太平。"中国哲学家冯友兰援引张载的话时说："高山仰止，景行行止，虽不能至，心向往之。"① 这是我们的医学理想。

---

① 冯友兰：《中国现代哲学史》，广东人民出版社1999年版，第254页。

　　我们心向往的是，"万世开太平"的时候，随着人类哲学和思维方式的发展，形成统一的哲学和统一的思维模式，运用这种统一的思维模式思考人体和人类健康问题，中西医两个医学世界，在相互竞争中，相互启发、相互促进、相互补充，取长补短，两个医学世界，通过开放性的整合（融合）和统一，创造一个统一的医学模式。我们要为此而努力，也许它的实现是未来的前景而不是现在。

第九章　生态文明的教育和科学转型的生态哲学思考

　　教育和科学不仅是文化的重要组成部分，而且是重要的软实力。现在，中国经济从投资和出口驱动，转向消费驱动。但是，消费驱动是有风险的。如果转向教育和科学驱动，依靠人才和科学技术创新，在生态文明建设中具有举足轻重的意义。2015 年 11 月，国务院发布"推进世界一流大学建设方案"。文件指出，坚持以中国特色、世界一流为核心，以立德树人为根本，以支撑创新驱动发展战略、服务经济社会发展为导向，加快建成一批世界一流大学和一流学科，提升我国高等教育综合实力和国际竞争力，为实现"两个一百年"奋斗目标和中华民族伟大复兴的中国梦提供有力支撑。这是建设生态文明的重要课题。教育和科学的发展模式随着时代发展而变化，我国教育已经完成从私塾到现代学校的转型。现在，人类迎来生态文明新时代，从工业文明到生态文明的时代。这是世界历史的根本性变革。这是社会的一次全面转型。科学和教育要适应正在发生变化的世界，跟上时代变革的步伐，通过教育模式转型和科学技术模式转型，创造教育和科学技术发展的新道路。

第一节　生态文明教育转型的生态哲学思考

　　所有社会都非常重视教育，因为它关系到人才培养，话说"十年树木，百年树人"。中国农业社会，人才以家庭"父子传帮带"的形式培养，学校采取私塾和书院的形式，有不同层次的私塾和书院，皇帝和皇室管理人员也是由私塾培养，学生以读书做官为目标。这种教育形式培养了一代又一代的人才，是创造中华文明的伟大力量。百年前，引进"学校"的教育形式，现在已经发展了不同层次、不同专业完整和完善的学校体系。现在，我们迎接新时代，将又一次进行教育转型，发展生态文明的教育事业。

一、中国教育，从私塾到现代学校

中国是重视教育的国家，教育培养人才，为建设美丽的国家、社会和家庭服务，生活再苦也要让孩子上学的优秀传统，培养了大批的人才，为建设伟大的中华文明贡献力量。教育理念是教育文化的核心和精髓。我国的教育理念，从"读书做官"到"学好数理化，走遍天下都不怕"，遵循教育理念的升级，完成从私塾到现代学校转型。

1. 中国古代以私塾和科举考试的形式培养人才

中国古代主要采取私塾的教育形式。从孔子办学开始，就有了私人教育系统，6 世纪隋朝创立科举考试制度，以金榜题名的形式选拔官员，唐朝的唐太宗完善科举制度，它促进私塾教育的发展和完善，并贯穿几乎整个中国古代社会，直到清朝末期的 1905 年废除，一直是我国教育的主要形式。

19 世纪末，何子渊、丘逢甲等先贤开风气之先，创办雨（宇）南洞小学（1885）、同仁学校（1888）、同文学堂（1901）、兴民中学（1903）等。这是西式新学制的学校，为中国现代教育之始。

1919 年，陶行知在上海创办《新教育》月刊，提倡平民教育，提倡白话文，主张建立以地方自治为基础的民主共和国。

孙中山先生为培养民主革命人才，于 1912 年仿日本早稻田大学，在北京创办中国大学，宋教仁、黄兴分别为第一、二任校长，孙中山先生自任校董。中国大学，初名国民大学，1913 年 4 月 13 日正式开学，1917 年改名为中国大学，于 1949 年停办，历时 36 年。1949 年 3 月，中国大学因生员缺乏及经费匮乏停办，部分院系教授及学生合并到华北大学和北京师范大学，1949 年中国大学（理学院）并入山西大学。

新中国成立后，政府接管所有学校，制定新的教学方针和教育发展计划，国家拨款学校建设，培养国家社会主义建设的科学家和专业技术人才，取得伟大成就。

2. 中国普及中等和高等教育

新中国成立以来，初等、中等、专业学校和高等学校，以及成人教育，建立了完整的教育体系，现代教育事业蓬勃发展。现在，全国有各级各类学校 52 万所，各类学历教育在校生为 2.57 亿人（2013）。

北京大学始建于 1898 年，初名京师大学堂，是中国近代第一所国立大学。现在北大有人文社会科学、自然科学和医学的完善的系、所与专业；设 50 个一级学科博士学位授权点，263 个二级学科博士学位授权点，52 个一级学科硕士学位授权点。有 86 个二级学科国家重点学科（其中 61 个涵盖在 18 个一级学科国家重点学科中），另有 3 个国家重点培育学科，还有 28 个专业学位授权点；有实验室 157 个，国家重点实验室 11 个，国家级重点实验室 2 个，国家工程实验室 2 个，国家工程研究中心 2 个，教育部重点实验室 18 个，北京市重点实验室 6 个，北京市工程研究中心 2 个，卫生部重点实验室 6 个，教育部网上合作研究中心 6 个，教育部人文社会科学重点研究基地 13 个，各类人文社会科学研究机构 232 个。

清华大学始建于 1911 年，美丽的校园里不同时期的建筑自然形成各具风格的建筑群。清华以"自强不息，厚德载物"为校训。现在，设有 19 个学院，55 个系，在 66 个本科专业拥有 22 个一级学科国家重点学科，还拥有 15 个二级学科国家重点学科、2 个国家重点培育学科，加上一级学科所涵盖的二级学科，共计 115 个国家重点学科；正在运行的科研机构共 322 个，其中政府部门批准建立的科研机构共 123 个，包含国家实验室 1 个、重大科技基础设施 1 个、国家大型科学仪器中心 2 个、国家重点实验室 13 个、国家工程实验室 7 个、国家工程研究中心 4 个、教育部重点实验室 17 个、北京市重点实验室 13 个。

1950 年创办和改建了中国人民大学、哈尔滨工业大学等。现在，全国高等学校为 2788 所，在校生 3460 万人，非学历教育注册人数 5593.2 万人（2015）；全国在学研究生 179.4 万人，其中博士生 29.8 万人、硕士生 149.6 万人。高等教育总规模已占世界第一位，为国家经济—社会—文化建设输送大批高级人才。这是中国力量的重要表现。

二、工业文明的教育模式的生态学分析

农业文明时代，教育以"读书做官"为目标，培养了许多人才。现代社会，人类工业文明时代，话说"学好数理化，走遍天下都不怕"。人类为了自己的生存、享受和发展，不断提高生活水平和生活质量；同时也为了建设强大的国家、富裕和繁荣的社会，采取的主要对策是从自然界获得更多的物质、能量、信息和空间资源。为了这个目标，需要更好地开发人的智力，发挥人的主体性、主动性、积极性和创造性。为此，发展教育事业培养各种人才，各级学校教授科学技术，包括自然科学、数学、物理学、化学、天文学、地球科学、生物学等基础科学，以及在基础科学基础上的改造自然和利用自然的技术、工业科学技术、农业科学技术、医学科学技术等等，以使人类运用现代科学技术的伟大力量，向自然进军，利用、改造、统治自然，实现工业化，创造巨大的经济财富和现代化的生活。

人类中心主义是工业文明社会的核心价值观。现代学校的教育理念，教育学生，培养人才，只有一个目标——人的目标或社会和经济目标，没有自然目标，没有保护生命和自然界的目标。有的论者指出，现代大学培养了精致的利己主义者。遵循这种教育理念，现代教育取得伟大成就。

20 世纪中叶，现代教育推动人类的工业文明建设，取得伟大的经济成就，伟大的社会和文化成就，物质财富和精神财富有了极大增长。但是，同这些成就相伴随的是，环境污染和生态破坏成为威胁人类生存的全球性问题。全球性环境污染改变了生物地球化学结构，出现环境质量问题，如大气质量、水源质量、土壤质量、生物质量等问题，并导致人类各种各样

的"公害病"，严重威胁人类的健康和持续生存；全球性生态破坏，海洋、河流、大气、森林、土地、草原、农田等生态系统受到损害，生物圈受到损害，生物多样性减少，严重威胁社会物质生产—社会生活，严重威胁人类健康和生存；全球性资源短缺，届时很可能将出现一个无矿可采同时废弃物和废弃设备全球性堆积的时代。这是同工业文明的教育模式密切相关的。它没有自然目标，没有环境保护的使命。

面对人类生存问题的全球性挑战，人们思考现代教育的负面作用时，提出"环境教育"的问题。

三、环境教育，工业文明教育的起步

"环境教育"是教育新概念。环境教育，是教育理念的又一次升级，从人类中心主义的理念转向"绿色教育"理念。工业文明时代没有"环境教育"一词。它是 20 世纪中叶在一场伟大的世界环境保护运动之后，为了解决环境污染的问题，兴起的一种新的教育理念和教育形式。最早它以兴办绿色大学为标志。20 世纪 80 年代，笔者在引进发达国家"生态文化"概念时，第一次知道有绿色大学的概念。新创刊的《新生态学》杂志（意大利）报道，1985 年意大利创办了 4 所绿色大学，1986 年又增加 10 所这样的大学，主要讲授生态学，包括生态平衡、经济与生态之间的关系、分析生态系统、替代能源、生态农业、天然食物和废物后处理等课程，深入研究环境保护的对策。《新生态学》杂志说："绿色大学一个接一个地开办，这是一个很明显的迹象，表明社会各阶层的人都逐渐对生态文化产生了兴趣。"这里说的绿色大学，是讲授生态学、环境保护和环境污染治理知识的大学，兴办绿色大学是一种环境文化。这是大学模式转型的起步。

1. 建议环境教育成为学生的必修课

1992 年，笔者兼职国务院发展研究中心国际技术经济研究所研究员时，为该所《国际技术经济要报》（1992 年第 5 期）写了《关于在中等学校设立环境教育课程的建议》一文。主要内容是：（1）环境教育是一种最基本的教育。这是现实生活提出的要求，应当把环境保护与生态建设作为

科学和教育的目标。把环境教育作为基本教育是合乎规律的，也是人类长远利益的需要。及早把环境科学作为基础科学，把环境教育作为基本教育，为社会发展转变提供和准备人才，可能产生新的竞争优势，从而使我们在未来的竞争中处于有利地位。（2）环境教育是一种全民教育和终身教育。它的教育形式，包括学校教育，幼儿园—小学—中学—大学—研究生的课程，环境科学应作为基础科学，像数、理、化、天、地、生一样，成为所有在校学生的必修课，以及在职干部的环境科学知识培训，环境保护的全社会教育，培养全民的环境价值观念和提高环境道德水平；培养人们保护环境和建设环境的自觉性与创造能力，使保护环境成为人们的行为习惯。（3）关键是中小学生的环境教育。建议环境教育作为中学生的基础课和必修课。它增加的学时相应减少其他课程的学时。主要内容是：生态学基础知识，人与自然关系、人在自然界的位置和作用的知识，环境和环境科学知识，环境问题及其解决途径的知识，环境道德教育。建议由国家制定统一的环境教育的教学大纲和统编教材。（4）环境教育需要全社会共同努力。作家、艺术家和广播影视工作者，创作更多更好的环境保护的作品；科学家编写符合要求的环境科学基础课教材，创作更多更好的环境科学普及读物。出版社、科研和宣传教育部门，全社会所有的人都要接受环境教育，支持和参与环境教育事业。

　　这个建议受到国家教委办公厅的重视，发布国家教委办公厅文件（教厅秘〔1992〕54 号）。文件说："我委领导对此建议十分重视，让有关部门进行了研究，现将他们的意见归纳如下：目前在中学进行环境教育主要采取了两种形式：一是将环境教育渗透在相关学科中……二是开设选修课，对有兴趣或今后有志于环境保护工作的学生进行较为系统的教育。目前，已与国家环保局共同编写了选修课教材，并已在部分学校试教。学校教育中落实环境教育的工作刚刚起步，还有许多情况要深入调查、分析，同时还要考虑学生的课业负担量及课程计划的容量等因素，因此目前在中学独立设置环境教育必修课不太适宜，还需慎重研究、论证。以上意见供参考，并向余谋昌研究员致以谢意。国家教委办公厅 1992 年 10 月 5 日。"

现在，我国环境教育事业有了很大的发展，已经取得重要成就。在大中院校环境科学和环境保护专业的基础教育与专业教育、社会的成人教育和青少年教育等各个领域，进行资金和科学技术的大量投入，做了大量基础性和实践性工作，取得重大成果。它为我国环境保护事业的各个领域培养了一大批环境科学和技术人才，为我国环境保护事业奠定了坚实的基础；在全社会倡导、传播、普及和实践"环境保护"思想，提高全民环境意识，包括环境保护基本国策意识，可持续发展观念，环境科学知识（如环境哲学和伦理学知识，环境政治、经济、法律和文艺学知识，环境科学基础知识，以及环境污染和生态破坏的预防和治理的知识和实践），等等，践行了"环境保护教育为本"的思想。

2. 环境教育，生态文明教育的普遍形式

对学生甚至全民进行环境教育，发展生态文化，这是从工业文明走向生态文明的重要举措。它不仅催生新的教育事业，而且推动新的绿色大学创办和整个教育发展模式转变，迎来教育事业的新时代。

20世纪80年代，西方国家一个接一个地创办绿色大学，形成创办绿色大学的第一个高潮。它以环境保护为目标，开设的主要课程有生态学和环境科学，以及废弃物净化处理，污水、废气和固体垃圾的处理、处置与利用等应用科学。它除开设这些基础学科和后处理专业课程外，还设置各种后处理专业和后处理学位。这是环境科学性质的大学，它为环境保护培养各方面的人才。

我国环境教育，包括高等学校本科环境教育和中等职业环境教育，也是这样的。它从环境保护的现实需要出发，适应环境保护事业各个方面的需要，培养不同领域不同层次环境保护的人才。这是我国环境教育发展的第一个阶段。

四、绿色大学，生态文明大学教育模式转型

工业文明时代，以工厂化的方式办大学，遵循以"资本"为中心的教育理念，以资本增殖为目标培养人才，科系和专业专门化分得很细，培养

了许多专业科学家，以及有利于社会统治和自然统治的专门人才。随着人类环境思想从浅层向深层发展，特别是环境伦理学自然价值理论的传播、绿色大学的兴办，我国环境教育进入新阶段。不仅在环境科学的专门院校或环境科学系、环境保护专业，而且还在一般大学提出进行"绿色教育"，创办绿色大学。大学教育理念从"资本"向"绿色"转化，这是生态文明大学教育转型的启动。

1. 绿色大学，生态文明大学教育起步

1998 年，著名的清华大学提出创办绿色大学，构建"三绿工程"方案，把绿色教育作为本科生的必修课。2000 年，哈尔滨工业大学提出把工科大学办成绿色大学的"三推进"：推进环境理论研究，推进环境宣传教育，推进环境直接行动的办学模式，随后有数十所高等院校创办绿色大学，开展绿色教育。

现在，大多数大学都提出绿色大学的方向，主要是大学的校园绿色化和校园理念绿色化。主要措施，一是开设环境科学和环境保护课程，对学生进行环境保护的教育；二是通过植树种草、绿化景观、处理"三废"，进行绿色校园建设，营造绿色、和平、友爱、健康的"绿色环境"。

这是大学教育转型的起步。因为，它主要仍然是遵循现代教育模式，我们办大学的目的，是为人和政治进步服务，为经济和社会发展服务。它所关注的主要是提高人的素质，人的全面发展，为社会稳定和全面进步服务，为实现经济快速成长和社会进步等目标培养高素质的人才。这是现实需要，是完全正确的。

2. 绿色大学，生态文明大学模式转型

从生态文明建设的角度，在上述教育模式中，教育的发展只有社会和经济目标，这是必要的；但是没有提出尊重自然和保护环境的生态目标，这又是不全面的。因为工业文明的社会，只有人有价值，生命和自然界本身没有价值，它只是人类征服和利用的对象。在这里，人才培养是为了掌握科学技术，实现人的价值，以便从加速开发利用自然资源中获取最大的经济利益。这当然不错，但又是不够的。建设生态文明，人的世界观和价值观转变，社会的生产方式和生活方式转变。这必然需要大学教育模式转变的支持。人们提出把清华大学建成绿色大学，把哈尔滨工业大学办成绿色大学，等等。我们理解，这不仅是环境教育的一个新方向，而且它将推动大学发展模式的转变。

我们认为，在这里所谓"绿色教育"，像清华大学、哈尔滨工业大学等综合大学和工科大学进行绿色教育，不仅是进行一般的热爱自然、保护环境和节约能源与资源的教育，不仅是校园建设绿化、讲求卫生和改善生活条件，也不仅是开设环境科学和技术、环境保护与环境伦理学等课程，以及设置这些学科的专业和学位。虽然这些都是重要的，但它只是绿色教育的一部分，甚至不是最主要的部分。绿色大学的本质是一种大学模式或办学方向的转变，包括办学观念，教学目标，教学内容，课程、专业和学位设置，教学方法和思维方式等一系列转变，以培养一代具有"绿色理念"和新的思维方式，以及掌握真正的高科技（绿色技术）的新型人才。

大家知道，传统大学的教育目标是培养学生掌握科学技术知识，为社会开发、利用自然提供科学途径和强有力手段，为改造自然增进人类福利提供专门人才。也就是说，按照只有人有价值的价值观，大学教育只有人和社会目标，没有保护生命和自然界的目标。

绿色大学，首先是办学目标的转变。在这里，与环境相关的专门院校、专门专业不同，清华大学等综合大学和工科大学是培养工程师的高等学府，虽然环境工程系培养环境工程师，但大多数系和专业是培养其他领域的工程师的，为什么要把整个大学办成绿色大学？是不是整个大学都同"绿色"相关？

我们认为，是的，所有大学的培养目标，教书育人，不仅应有经济和社会目标，而且应该有环境和生态目标，都需要学一点生态学，对自己的工作进行生态设计，培养生态文明时代需要的全面发展的人才，有现代科学知识，有完善和完美的人格。

笔者曾经以汽车制造专业为例。汽车制造是专门的科学技术，以往，我们的学校对汽车制造专业的教学和学生的毕业论文与毕业设计的要求，主要是社会和经济的要求，也就是说要求他们教学，他们设计的汽车要跑得快，操作简便，安全、美观和舒适，经济实惠。这里只有经济和社会的目标，没有环境保护和节约能源的目标。

大家知道，美国经济发展曾经以汽车制造业作为中心产业，发展了以汽车为特征的"美国文化"。现在美国平均一人拥有一辆汽车，2 亿辆汽车行驶于四通八达的高速公路上，耗费掉美国全部燃油的一半，成为能源消耗和环境污染的主要来源，成为一个大的问题，以致美国科学院院士丹那·奥斯廷教授说："美国经济被绑在汽车轮子和石油的基础上，已经没有希望了。"于是人们批评汽车设计工程师，说他应当对能源消耗和环境污染承担责任。但汽车设计工程师说，你们并没有对汽车设计提出减轻污染和节约能源的要求，如果提出这样的要求，我们是可以做到的。是的，现在汽车设计工程师已经设计出少污染或不污染环境，又可以节约能源的汽车。

现在汽车技术有两个主要的方向：一个方向是引擎改良使汽车"变绿"，把内燃发动机改为生态发动机。它使用两项先进技术使能效提高 16%：一是直接把汽油喷射到内燃机汽缸，从而更精确地提供燃料；二是采用涡轮增压技术。美国福特公司的生态发动机已经在底特律车展亮相，2013 年达到年产生态发动机 50 万台。另一个方向是，内燃式发动机替代。据报道，美国电动汽车方兴未艾势头强劲。它是一种"外接充电式"汽车，与汽油燃料汽车不同，它是零排放的、清洁的。它的主要特点是：灵活机动、操作性强和造价低廉，成本仅为平均造价的 1/10。虽然它的时速要低些，但也可以达到 64 公里，每次充电可以跑 64 公里，完全可以适应都市生活出行。它上市销售数量已以千计数。我国（吉利）节能和低污染的混合动力车——超级油电混合技术汽车已经上市；以氢为燃料的无污染燃料电池汽车也在奥运期间投入使用；我国电动汽车已经普遍在公路上运行，这是污染物零排放的汽车。

其实，高等院校的汽车制造专业是这样，其他所有专业也应该是这样。

　　而且，自然科学的专业是这样，技术科学的专业是这样，社会科学的专业也是这样。在工业文明时代，社会科学和人文科学的大专院校，它的培养目标同样只有社会经济利益，没有保护生态环境的目标。它的研究和发展，不仅是人与自然、自然科学与社会科学、自然规律与社会规律、科学与道德的分离和对立，而且在所谓纯社会规律研究的基础上，高扬人统治自然的思想，鼓励向自然进攻，掠夺和统治自然。因而它已经是不符合时代潮流的。绿色大学的兴起促进我们关于自然规律与社会规律、自然科学与社会科学、科学精神与人文精神统一的思考。人文社会科学的院校创办绿色大学同样是必要的。

　　我们进入了一个新的时代，高等教育必须适应时代要求，教学有保护环境的目标，培养具有绿色意识和思想的新型人才，这样人类才能在地球上继续生存和发展下去。这个转变要求整个人类知识体系的转变，自然科学、社会科学和技术科学知识体系，它们之间的关系和应用方向的转变。绿色大学的教学和科研提出保护地球的目标、人与自然和谐发展的目标，这是关键性的转变。它要求大学培养出来的人才掌握的科学技术是全面性的，不仅有利于人和社会的利益、有利于人的个性全面自由发展、有利于社会进步，而且要有利于生命和自然保护、有利于人与自然和谐发展。他们的工作不仅要关注人的利益，为增进人和社会的福利服务；同时要关注生命和自然界的利益，为保护大自然平衡服务。

　　我们知道，世间所有事物的运动发展，都遵循物理学惯性定律，如果没有足够强大的外力推动，它按照既定的方向和速度运动。我们尊重事物的惯性。大学模式转型是一次革命，会有一个长期的过程，从起步开始，不断地试错，不断地完善和进步，走向成长和成熟。这是必然的。

　　我们可以期待，环境教育—绿色大学的发展将推动教育模式变化，创造生态文明的教育模式，以培养一代一代具有"绿色"理念和"绿色"素质的人才，他们掌握了新的有利于生态保护的高科技知识，将创造和开发"绿色技术"（生态工艺），推动社会的"绿色生产"，发展循环经济，建设生态文明。它推动科学技术发展模式转变，促进自然科学、技术科学、社会科学的相互渗透和统一，推动科学技术健康发展和繁荣进步，以及它有利于人与社会和谐发展、人与自然生态和谐发展的应用。这样，我们的国家就会走向可持续发展的道路，创造生态文明的新社会。

第二节　生态文明的科学技术发展道路的探索

习近平主席在中国科学院两院院士大会上，提出我国科学技术"创新驱动发展战略"，创造生态文明的科学技术发展模式。他说，纵观人类发展历史，创新始终是推动一个国家、一个民族向前发展的重要力量，也是推动整个人类社会向前发展的重要力量。创新是引领发展的第一动力，实施创新驱动发展战略是我国发展的迫切要求，必须摆在突出的位置。为了实现中华民族伟大复兴的目标，我们必须坚定不移贯彻科教兴国战略和创新驱动发展战略，坚定不移走科技强国之路。十八届五中全会提出：必须把创新摆在国家发展全局的核心位置，不断推进理论创新、制度创新、科技创新、文化创新等各方面创新，让创新贯穿党和国家一切工作，让创新在全社会蔚然成风，创新以发挥先发优势，走向生态文明的科学技术发展道路。

一、农业文明时代，中国科学技术领先世界

中华民族具有伟大的创新精神和创新能力，曾经长期居于世界科技强国之列，站到了当时的世界之巅。中国科学家有著名于世的伟大发明，如火药、指南针、纸、印刷术、纺织、陶瓷、冶铸、建筑、天文历法、数学等。自有甲骨文记载的商周以来，至17世纪上半叶，中国古代科学技术一直居于世界前列；3—15世纪，中国科学技术则是独步世界，占据世界领先地位达千余年；中国古人富有创新精神，据统计，公元前6世纪至1500年的2000多年中，中国的技术、工艺发明成果约占全世界的54%；我国古代科学技术知识文献的数量，也超过世界任何国家。它表示中国古代科学技术站在当时的世界高峰。

1. 中国天文天象学成就

我国天文和天象观测，历法的编制和应用，不仅起步早，而且有连续、完备、准确的记录和应用。例如，3000 多年前的甲骨文中，已有日食、月食、新星等记录；《周易》依据天道运行理论，演绎出"十天干"、"十二地支"和"二十八宿"，即日月星辰，创建了最早的历法，有完整的六十干支表，用干支法计日；春秋时期已采用的 19 年 7 闰的历法，一年为 365.25 天，这是世界上最为精确的回归年值；大唐《开元占经》（718—726）记载了古代关于恒星、宇宙结构和运动、历法系统资料；僧一行《大衍历》，对日、月、五行运动和数学方法有创造性的贡献，创造了自动演示天象和报时的水运浑天仪，主持了第一次全国大规模的天文学测量，完成了世界上第一次子午线实测工作。

2. 算学长期领先于世界

隋代开始在国子监（相当于国立大学）设"算学馆"，并在科举考试中设"明算科"。成书于东汉的《九章算术》，在世界上第一次叙述分数运算、方程组解法，第一次引入负数并进行计算，表示精确计算的开创。

中国古代其他科学经典，如北朝时期贾思勰的《齐民要术》、明朝时期徐光启的《农政全书》、北宋科学家沈括的《梦溪笔谈》、明代宋应星的《天工开物》等，是世界级的论著。

3. 中医被称为中国的"第五大发明"

中医中药有伟大的成就。扁鹊是战国时期最著名的医生，后代把他奉为"脉学之宗"，他创造望、闻、问、切"四诊法"，从脉象中诊断病情，"四诊法"成为中医的传统诊病法，2000 多年来一直为中医所沿用。两汉时期，西汉的《黄帝内经》是我国现存最早的重要医学文献，它奠定了祖国医学的理论基础；西汉的《神农本草经》是中国第一部完整的药物学著作；东汉末年的名医华佗，擅长外科手术，被人誉为"神医"，他发明的麻醉剂麻沸散，比西方早 1600 多年；东汉末年的名医张仲景，被称为"医圣"，其代表作《伤寒杂病论》是后世中医的重要经典。隋唐时期，孙思邈著有《千金要方》。明朝李时珍的《本草纲目》，记载药物 1800 多种，方剂 1 万多首，被誉为"东方医药巨典"。其中，《黄帝内经》《神农本草经》为中国最早的中药学专著；《伤寒杂病论》为中国临床医学奠定了基础。以它们为基础发展起来的中医中药，数千年来为中国人民的健康服务，至今焕发着智慧的光芒。

科学史界认为，中国古代科学技术发展史有三个高峰期：南北朝第一次科学高峰时期；北宋第二次科学高峰时期；晚明第三次科学高峰时期。中国科学技术曾长期居于世界前列。

二、工业文明的科学技术的生态分析

现代科学技术，工业文明的科学技术，它的伟大成就，以及它在社会物质生产和精神生产中的应用，主要在工业化先进国家取得伟大成就。现在，它普及到全世界，建设了人类的整个现代生活，已经载入人类史册。这不仅已有充分的论述，而且大家都能体会到，都在受用。问题在于，现代科学技术的应用产生了严重的负面作用，并导致了严重的全球性的生态危机和社会危机，需要我们应对和思考。

1. 科学技术负面作用的生态学思考

现代科学技术的问题，它的负面作用，主要表现在科学技术发展理念的两个方面，它的价值观和思维方式的片面性，以及遵循这一理念的科学技术发展路径的局限性。

现代科学价值观的两个主要问题：一是社会领域的人类中心主义的社会核心价值观，是以个人主义哲学为指导的。科学技术发展的战略和政策由富人制定，主要为增长富人的利益服务，虽然普通百姓也从中受益，但受益很小，从而使社会贫富差距不断扩大。这是社会危机的根源之一。二是生态领域的自然界没有价值的生态核心价值观。科学技术发展，以人统治自然的哲学为指导。它认为，只有人有价值，生命和自然界没有价值，只是人利用和改造的对象。它在社会物质生产中应用，指导人类不断向自然进军，不断加大对自然的索取，但是并未同时对自然进行补偿和投资，过早、过多、过快地消耗自然资源，过多、过快、过量地向环境排放废弃物。全球性生态危机不断加剧，这是必然的。

现代科学思维方式的片面性，主要是依据还原论观点进行思考。它的主要问题：一是现代科学以分化发展为特征。虽然，分化与分工提高了人的认识能力和效率，但是，它又有严重的局限性。自然科学和社会科学的分门别类发展，中国科学院（自然科学）和中国社会科学院各自下设数十个研究所，每一个研究所下设数十个研究室，它们依据研究对象不同又分为许多学科或课题组，各自在完全孤立的发展中不断分化和专门化。它们不仅研究对象截然不同，而且研究方法和思维方式也不同，在孤立的发展中形成各自的体系，各种知识体系之间完全没有联系。这就向不断远离现实真理走去，因为现实世界是生命有机整体。二是它在社会物质生产中的应用。现代工业的制造工艺，依据分析性非循环思维高度分化和分工，有的大企业甚至只生产一种机器的一种零部件，输入生产过程的原材料只有极小的部分转化为产品，大部分以废物的形式排放。这是环境污染和资源短缺的根本原因。

现代科学技术负面作用带来了严峻挑战，它的转型是必要的和必然的。

2. 工业文明的科学技术发展模式转型

科学技术发展模式转型，首先是它的理念转型。2015 年 9 月 11 日，中共中央政治局召开会议，审议通过了《生态文明体制改革总体方案》，这是生态文明领域改革的顶层设计。会议强调，推进生态文明体制改革，首先要树立和落实正确的理念，统一思想，引领行动，要树立尊重自然、顺应自然、保护自然的理念，发展和保护相统一的理念，绿水青山就是金山银山的理念，自然价值和自然资本的理念，空间均衡的理念，山水林田湖是一个生命共同体的理念。推进生态文明体制改革要坚持正确方向，坚持自然资源资产的公有性质，坚持城乡环境治理体系统一，坚持激励和约束并举，坚持主动作为和国际合作相结合，坚持鼓励试点先行和整体协调推进相结合。遵循这一正确的理念，建设生态文明的科学技术，这是科学技术发展模式转型的新道路。

3. 超越工业文明的科学技术价值观和思维方式

转型是从问题开始的。工业文明的科学技术负面作用，依据上述分析，主要表现在科学技术价值观和思维方式的片面性及其在实践中的应用，它的后果是，在社会领域，人类中心主义的社会核心价值观，遵循这种价值观，富裕阶层主导科学技术发展政策和规划的制定，实施富人的利益优先政策，科学技术发展主要为富人创造财富，穷人所得实惠很少，贫富差距不断扩大，人与人社会关系矛盾不断加剧，出现全球性社会危机。在生态领域，自然界没有价值的生态核心价值观，它主导更多更快地开发自然资源为社会增加财富服务，造成人与自然生态关系矛盾不断加剧，出现环境污染、生态破坏、资源短缺表现的全球性生态危机。

应对全球性生态危机和全球性社会危机的挑战，遵循马克思主义关于人类社会"两大变革"的观点，这就是"人同自然的和解以及人同本身的和解"的理念，建设一个和谐社会与和谐世界。这一正确的理念，按照马克思主义的价值观和历史观，以"人与自然界和谐"为目标，反对"自然与历史的对立"，主张"人和自然的统一性"。马克思和恩格斯指出："对实践的唯物主义者，即共产主义者来说，全部问题都在于使世界革命化……特别是人与自然界的和谐。""两个和解"是当今世界面临的两大变革，通过人同自然的和解以及人同本身的和解，建设人与自然、人与社会和谐的生态文明社会。这是科学技术发展的目标。

也就是说，生态文明的科学技术发展，落实党的十八届五中全会的正确理念，实施创新驱动发展战略，遵循马克思主义"两个和解"的价值观和历史观，创造有利于人与人和解、人与自然和解的科学技术，实现"发挥先发优势的引领型发展"，走生态文明的科学技术发展道路。

三、生态文明的科学技术发展模式转型

科学技术转型，从它的问题开始，超越它"主—客"的人统治自然哲学，遵循人与自然和谐的哲学，以及超越它的还原论分析思维、线性非循环思维，遵循生态整体性思维，实施科学技术创新驱动发展战略，建设生

态文明的科学技术。

现代科学把统一的世界分为人类社会和自然界，分别以社会科学和自然科学进行研究，分别以研究社会规律与自然规律为使命。实际上，它们是相互联系不可分割的，社会离开自然不能存在，自然参与社会历史的创造，主要以资源和环境的形式参与；社会参与自然历史的创造，以人的智慧和劳动，创造了人工自然、社会的自然，使地球进入"人类世"的地质新时代。这是人和社会的作用创造新的自然界。同样，现在已经没有纯粹的独立的自然规律和社会规律，自然规律已经包含社会规律的作用，社会规律已经包含自然规律的作用。

现代科学分为自然科学和社会科学时，把人类精神分为科学精神与人文精神，其实它们是相互联系不可分割的，科学技术如果缺乏人文精神的指导和制约，会走向异化，是片面的。

现代科学主张科学与道德分离，科学只面对"事实"，追求"真"，解决"是与非"，回答"是否真"的问题；道德面对人的行为，是"价值的知识"，是人的感情的对象，追求"善"，科学与道德无关，因为从"是"（科学真理）推不出"善"（价值的善），两者的界限是不可逾越的。其实两者是相互联系不可分割的，科学技术如果缺乏道德规范的指导和制约就可能走向反面。

生态文明时代的科学技术从分化向综合发展，科学技术发展的人文化，是一种重要的新方向，新的思潮。当代人文主义，是科学的人文主义。它用科学的人文精神和科学的道德规范约束、指导人类行为，建设人与自然和解、人与人和解的新社会。

四、创新驱动发展，走生态文明的科学技术发展道路

我国高科技领域已经取得令世界瞩目的成就，成为科学技术创新大国。据报道，我国创新能力快速提升，作为衡量创新能力的重要指标，我国发明专利受理量连续 5 年居世界首位，其中企业获得发明专利授权量占国内发明专利的 60%。

2003—2012 年，中国高科技产品在全世界市场的份额从 8% 增长到 24%，这是建设生态文明的科学技术的基础。

1. 大众创业，万众创新

为了建设生态文明的科学技术，国家实施创新驱动发展战略。中国科学院和高等大学、各高级科研机构和国家重点实验室，是科学技术创新的主力军，通过各种科学技术孵化器，把科学技术创新转化为现实生产力。这是建设现代化先进国家可以依靠的伟大力量。2009 年 3 月，建立了第一个国家自主创新示范区——北京中关村示范区，至今已经建立武汉东湖、上海张江、广东深圳等 14 个国家自主创新示范区。

我们以中国高速铁路快速发展为例。这是一个很好的例子，中国高铁科技是世界领先水平的。2008 年，京津城际铁路开通，最高时速 350 公里，这是中国第一条高速铁路；2011 年 6 月 30 日，京沪高铁开通运营，最高时速 350 公里；接着，郑西、哈大、宁杭、京广等高铁开通运营，中国高铁网已经覆盖 28 个省市区，营运里程达 20000 公里，成为世界高铁营运里程最长的国家。现在，中国高铁走向世界，成为高铁世界第一大国。

2. 中国高铁的巨大成就

2004 年，中国引进高速列车技术时，日本川崎重工总裁大桥忠晴曾这样耐心劝告中国技术人员：不要操之过急，先用 8 年时间掌握时速 200 公里的技术，再用 8 年时间掌握时速 350 公里的技术。在大桥忠晴看来，这已经够快了。毕竟，新干线从时速 210 公里提升至 300 公里，日本人用了近 30 年的时间。

但是，中国工程师等不起！中国高铁从 2004 年起步，从加拿大庞巴迪、日本川崎重工、法国阿尔斯通和德国西门子引进技术，联合设计生产高速动车组。向先进国家学习，引进、消化、吸收它们的技术成就。车、路、信号，这是一个庞大的高铁技术体系。从车辆到线路，再到通信信号技术，中国工程师一边引进、消化、吸收，一边自主创新。中国高铁人，用自己的方式"跑"了起来，仅用 4 年而不是 16 年，掌握了时速 350 公里的技术。

动车组是尖端技术的高度集成，涉及动车组总成、车体、转向架、牵引变压器、牵引变流器等9大关键技术以及10项配套技术，涉及5万个零部件。中国高铁是以强大技术优势为基础的，例如，中国高铁的车头是用世界上最大的8万吨水压机一次锻造成型，而不是传统焊接技术，中国高铁的机车可以在同样功率输出的前提下跑得更快且结构强度更大；又如，中国应用亚洲最大最先进的风洞群，高铁机车可以利用其进行外形优化设计。现在，我国自行设计的动车组已取得累计900余项高速铁路相关专利授权。新一代时速380公里的动车组已经下线和运行。引进先进技术消化吸收，完全国产化，从生产时速200~250公里的高速列车，到自主设计、制造时速350公里动车组，它在1万多公里中国铁路上安全运行。这是中国高速铁路集大成之作。

2008年2月，铁道部和科技部签署了《中国高速列车自主创新联合行动计划合作协议》，实施研发运营时速380公里的新一代高速列车计划。这一制造高铁最高运营速度，是比德国、法国的高速列车每小时快60公里，比日本新干线每小时快80公里，节能环保和综合舒适性也高人一筹的高铁。

中国高铁取得了巨大成就。现在，中国正在试验速度更快的高铁，2014年1月17日，光明网报道，南车青岛四方机车车辆股份有限公司厂区内，一列银灰色超速试验列车，试验更高速度，速度每小时达到605公里，保持速度运行了10分钟。这相当于10分钟在地面上行驶了100.8公里。中国高铁将迈向更高的速度，更加安全地运行于四面八方。

3. 中国高铁走向世界

2009年，中国正式提出高铁"走出去"战略。现在，正在谋划四大跨境高铁建设。据报道，2014年10月，中国发改委和俄罗斯交通部签署高铁合作备忘录，同意推进建设北京至莫斯科高铁项目，全程7000公里，预计投入人民币1.5万亿元。中国高铁专家王梦恕院士说，将采用中国的设备、技术和标准，遵循"老线不动，再修新线"的原则兴建。俄罗斯媒体说，届时北京到莫斯科的时间将大大缩短。这是新版"丝绸之路"。它的规模和意义堪比苏伊士运河。

拟议中的四大跨境高铁是一项伟大工程：①欧亚高铁，从伦敦出发，经巴黎、柏林、华沙、基辅，过莫斯科后分成两支，一支入哈萨克斯坦，另一支遥指远东的哈巴罗夫斯克，之后进入中国境内东北，其中，国内段已经开工，境外线路在谈判中；②中亚高铁，起点乌鲁木齐，经由哈萨克斯坦、乌兹别克斯坦、土库曼斯坦、伊朗、土耳其等国家，最终到达德国，国内段正在推进，境外线路在谈判中；③泛亚高铁，从昆明出发，依次经由越南、柬埔寨、泰国、马来西亚，抵达新加坡，中缅铁路隧道 2014年正式动工；④中俄加美高铁，从东北出发往北，经西伯利亚抵达白令海峡，以修建隧道的方式穿过太平洋，抵达阿拉斯加，再从阿拉斯加去往加拿大，最终，国人有望乘高铁两天抵达美国。

据报道，纵贯东南亚的泛亚高铁于 2015 年 6 月开工，从云南昆明出发，南抵新加坡，成为中国通往东南亚诸国的一条便捷通道。它从云南西部钻山建一条长约 30 公里的隧道通往缅甸，再从缅甸向东，伸出一条支线去往泰国，另一条主线则经由老挝、越南、马来西亚通往新加坡。欧亚高铁和中亚高铁，中国国内段已经开工或正在推进，境外线路如何建设则处于谈判中。

据报道，2014 年，我国与之进行高铁车辆出口谈判的国家 28 个，我国参与境外铁路建设项目 348 个，累计签订合同金额 247 亿美元。我国铁路"走出去"，正逐步从初期的设备供货，向设计引领、技术带动、施工建设、运营维护的全产业链输出转变；铁路设备实现从低端到高端产品转变，具有高技术含量和高附加值的动车组出口显著增长。中国出口铁路设备覆盖 80 多个国家和地区，出口设备金额 267.7 亿美元。2014 年，中国北车宣布在美国波士顿地铁项目中竞标成功，同时中国轨道交通装备首次登陆美国，总金额达 41.18 亿元人民币。

中国高铁"走出去"有两大优势，一是价格优势，中国高铁建设成本每公里 600 万~1700 万欧元，比意大利的 6100 万欧元、日本的 5300 万欧元低得多；二是技术优势，在引进先进技术和自主创新结合基础上，创造了领先世界的高铁技术。

中国将铁路网建到世界各地，外电评论说"中国欲借高铁网主宰世界经济"。

例证之一是，据报道，渝新欧国际铁路始于重庆，全长1.1179万公里，途经兰州和乌鲁木齐，在阿拉山口跨越国境，再经哈萨克斯坦、俄罗斯、白俄罗斯、波兰，进入德国，抵达欧洲物流集散地杜伊斯堡。它把重庆生产的高科技设备运往欧洲，返程时把欧洲生产的粮食、原料和矿产等运回中国。它与泛亚高铁连接，促进丝绸之路经济带建设，贯穿和连接总人口30亿的18个亚欧国家，建成世界最具发展潜力的经济大走廊。这是地缘政治重新重视"陆缘政治"的表现。

中国高铁"走出去"，高铁成为欧亚非大陆最重要的交通方式，可能改变世界的政治和经济。欧亚非大陆有世界最多的人口和最大的市场，有世界最多的自然资源和劳动力，有完整的工业支撑，整个欧亚非大陆形成一个经济大整体，构建全球大市场。中国有完善的基础设施，强大的机器制造业能力，足够强的经济实力，强大的物流网络，足够大的消费市场潜力，借助高铁，借助"一带一路"建设，中国成为连接东南亚、东亚、南亚、中亚、中东和欧洲的纽带，将成为国际大市场的中心，成为世界经济、贸易中心和金融中心，将对世界经济、政治和军事发挥更大的作用，对世界进程做出更大的贡献。我们相信，在亚洲基础设施投资银行和丝路基金的支持下，中国高铁"走出去"的远大目标一定能够实现。

4. 自主创新，中国高铁技术领先世界的秘密

美国前总统奥巴马强烈地意识到，高铁将是重塑美国全球竞争力的技术制高点。他在2011年国情咨文中表示："没有理由让欧洲和中国拥有最快的铁路。"

但是，中国高铁工程师没有按奥巴马设定的时间路径。现在，中国高铁技术全面领先，经过10年时间的努力，高速列车在中国大地安全运行，我国掌握了高速技术的制高点，更高速试验列车的研制取得重大突破，全新技术纵向与横向相互传递，覆盖整个高铁领域和世界市场，高铁成为中

国战略性高新技术和战略性新兴产业。

高速列车是中国创新能力的一个标志。工程师与科学家深入地探索高速列车的三大核心技术：轮轨技术、空气动力学性能与弓网关系技术。中国高铁工程师在这三大核心技术的理论和实践已经取得重要突破。现在运行的中国拥有知识产权的 CRH380 动车，时速 350~380 公里，试验运营时速 420 公里。2010 年 12 月 3 日，在京沪高铁枣庄至蚌埠段综合试验中，国产"和谐号" CRH380A 动车组跑出每小时 486.1 公里的速度，刷新世界铁路运营试验最高速度。中国拥有世界最高速度的铁路列车。

中国不仅成为高铁世界第一大国，而且要把铁路网建到世界各地，中国高铁不仅实现最高速度，而且要领跑世界。2015 年，中国两大高铁车辆生产商南车和北车正式决定合并，组建世界最大的高铁企业，推动中国高铁走向世界。

中国高铁成功的秘密在哪里？创新驱动是推动中国高铁发展的动力。

按中国工程师的说法是"用自己的方式'跑'起来"。"自己的方式"是自主创新的方式。中国高铁的成功，根源于中国高铁工程师自主创新的成功。这是中国科学家和工程师责任感、智慧与创造性的表现。现在，中国高铁，包括铁路、机车、动力、信号和全自动化的电子网络控制系统，研制成功和安全运行。记者报道说：现在，中国动车"和谐号"，全自动化的电子网络控制系统，有了"中国心"；绝缘栅双极型晶体管（IGBT）研究突破，有了"中国脑"；车体加宽 0.4 米并进行了改造，有了"中国身"；动车车头形状全新设计，有了"中国面孔"。"和谐号"动车组集合成为"中国名片"。这是中国工程师科技创新驱动的伟大成就。

中国高铁自主创新的主要路径是，2004 年引进国外先进技术，同时自主创新起步；2007 年底，铁道部成立高铁技术攻关组；2014 年，实施中国高速列车自主创新联合行动计划。中国高铁工程师的高铁仿真实验室很快搭建起来，专家们像开足马力的发动机，24 小时分班运行，轮回进行类比试验，查找问题，修改数据，再回归测试。例如，铁路上有落物怎么办？工程师们研究和制造完善的列车安全运行的自动化控制系统。它能提前觉察安全隐患，自动发出信号，那段轨道信号就变成红色的；列车在距离障碍物6公里外就能接到故障信号，自动停车；钢轨出现裂纹，信号会自动检测，变成红色，列车自动停止。经过上百次反复，这套世界上目前最先进的无线控制技术已经开发和运行成功，在武广高铁和其他铁路上安全有效地应用。

"高平顺、高稳定"是高速铁路建设的两大要求。10年来我国高铁基本上实现了这两大要求。关于高铁安全问题，中国高铁工程师设计高铁技术指标时，遵循一个共同的底线——"故障导向安全"原则：当铁路或者列车发生任何性质的故障，结果都必须导向安全一侧。我国高铁线路，通过实现高速信息化、智能化，在运行过程中可以随时发现和判断故障，并消除故障，不影响安全运行。如今，武广高铁在线的动车组已累计高速奔驰300万公里，故障率仅为十万分之四。这是一个国际一流的成绩。"车、路、信号"这个庞大的高铁体系技术平台，就这样奇迹般地被中国工程师搭建起来了。

例如，有砟、无砟，中国工程师曾有过激烈的争论。传统轨道都是有砟的，也就是枕木下面垫石砟，无砟则是将铁轨铺在一个高强度混凝土板上。有砟在工程建设期能省钱，但车速越高，列车晃动越剧烈，后期养护需大量投资。无砟可以保持列车的高平、高稳，少维修。无砟成本虽是有砟的1.3～1.5倍，但运营10年左右，这个成本连本带息就都回来了。争论、考察、研究，反复权衡，认真比较，科学判断，慎重决策，铁道部最终决定高铁线路使用无砟轨道技术。但是当时中国并没有现成的技术，包括地质沉降问题。经过自主攻关，中国工程师认识到，高铁不同于普通铁路，它的线路常常要飞架空中，例如京津城际铁路、京沪高速铁路，桥梁总长占到全线八成以上。桥梁选型，至关重要。他们优选出以32米简支梁、桥架架梁为主的技术方案，创造出制造、运输、架梁等一系列新技术，解决了高铁建设中久拖不决的大课题。

通信信号，是高速铁路指挥控制系统。这项技术不在转让之列，京津城际铁路使用西门子技术，花去19亿元。面对武广高铁，西门子又开出

64 亿元天价。受到刺激的高铁人，决定自己干。中国高铁工程师说："技术上一定要抢占制高点，谁有抢占技术的制高点的能力，谁就有带动行业发展的能力。以技术的先进性驱动市场的需求，这是全球市场经济竞争的规律。"中国工程师自主创新拿到了制高点。

高速铁路建设，不仅极大地方便人们出行，支持经济社会建设，增强国家的力量，是社会生产力发展的突出表现；而且，高铁建设将加速中国经济结构调整，它缩短了东部、中部和西部的时空距离，促进城市经济圈、省际经济圈快速形成；城市经济圈和省际经济圈的形成，加速城市化进程，缩小城市与农村之间的距离，缩小城乡差距，使东部、中部、西部之间平衡发展，城市与农村平衡发展；而且，高铁是高科技产业高端制造产业，发展高铁产业，将加速中国经济结构转型和产业升级，使中国经济社会发展迈上新台阶。

当然，人类所有重大活动都会对环境和生态系统造成影响，高铁建设也一样，只是现在还没有看到高铁影响环境的报道。我们期望这一问题的研究取得进展，期望高铁建设对环境和生态系统的有害影响减少到最小的程度。

实施创新驱动科学技术发展战略，这是走生态文明的科学技术发展道路的重要措施。《国家创新驱动发展战略纲要》（2016），制定国家科技重大项目，攻克高端通用芯片、高档数控机床、集成电路装备、宽带移动通信、油气田、核电站、水污染治理、转基因生物新品种、新药创制、传染病防治等方面的关键核心技术；航空发动机及燃气轮机重大项目，量子通信、信息网络、智能制造和机器人、深空深海探测、重点新材料和新能源、脑科学、健康医疗等领域重大科技项目和工程。

中华民族富于创新精神和智慧，农业文明时代，中华古代科学技术站在世界高度和历史高度；工业文明时代，我们的现代科学技术发展起步较晚，中国落后了；现在，有"两弹一星"成就、载人航天和"嫦娥"飞天、"银河号"电子计算机、第三代核电站、"人造太阳"热核聚变装置（EAST）放电成功、世界最大射电望远镜（FAST）建成、上海同步辐射装置研制、大亚湾中微子实验装置、第四代移动通信、特高压输变电、云南种质资源库、高速铁路、杂交水稻等等，以及一系列世界级的高科技发明创造，攻克一批关键核心技术，在高端制造领域占得先机，已经赶上世界水平。2006 年诺贝尔经济学奖获得者、美国哥伦比亚大学教授埃德蒙·费尔普斯说：中国的创新力已经超过加拿大和英国升至第二位，仅次于美国。[①] 如果这一评价符合实际，这里说的是工业文明的科学技术，那么未来新时代，中国将在世界率先走上建设生态文明的道路，率先发展生态文明的科学技术，中国的科学技术将又一次站在世界高度和历史高度。中国重新伟大，重回世界之巅，这是完全可以期待的，需要大家共同努力。

[①] 李夏庆：《中国创新能力仅次于美国》，《参考消息》，2016 年 4 月 7 日。

参考文献

［1］格拉西莫夫. 现代科学生态化的方法论问题［J］. 环境科学情报资料，1980（11）：1.

［2］维尔纳茨基. 活物质［M］. 北京：商务印书馆，1989.

［3］弗罗洛夫. 人的前景［M］. 北京：中国社会科学出版社，1989.

［4］霍尔姆斯·罗尔斯顿. 环境伦理学［M］. 北京：中国社会科学出版社，2000.

［5］霍尔姆斯·罗尔斯顿. 哲学走向荒野［M］. 长春：吉林人民出版社，2000.

［6］弗里乔夫·卡普拉. 转折点：科学·社会·兴起中的新文化［M］. 北京：中国人民大学出版社，1989.

［7］蕾切尔·卡森. 寂静的春天［M］. 长春：吉林人民出版社，1997.

［8］奥德姆. 生态学基础［M］. 北京：人民教育出版社，1981.

［9］莱斯特·R. 布朗. B模式：拯救地球　延续文明［M］. 北京：东方出版社，2003.

［10］莱斯特·R. 布朗. 生态经济：有利于地球的经济构想［M］. 北京：东方出版社，2002.

［11］巴里·康芒纳. 封闭的循环——自然、人和技术［M］. 长春：吉林人民出版社，1997.

［12］F. J. 戴森. 宇宙波澜：科技与人类前途的自省［M］. 北京：生

活·读书·新知三联书店，1998.

[13] 尤金·哈格洛夫. 环境伦理学基础 [M]. 重庆：重庆出版社，2007.

[14] 牛文元. 可持续发展之路——中国十年 [J]. 中国科学院院刊，2002，17（6）：413–418.

[15] 钱俊生，杨发庭，余谋昌. 现代科技的发展与生态文明建设 [M]. 北京：人民出版社，2016.

[16] 余谋昌. 生态哲学 [M]. 西安：陕西人民教育出版社，2003.

[17] 余谋昌. 生态安全 [M]. 西安：陕西人民教育出版社，2006.

[18] 余谋昌. 生态伦理学——从理论走向实践 [M]. 北京：首都师范大学出版社，1999.

[19] 余谋昌. 自然价值论 [M]. 西安：陕西人民教育出版社，2003.

[20] 余谋昌. 环境哲学：生态文明的理论基础 [M]. 北京：中国环境科学出版社，2010.

[21] 余谋昌. 生态文明论 [M]. 北京：中央编译出版社，2010.

[22] 余谋昌. 文化新世纪：生态文化的理论阐释 [M]. 哈尔滨：东北林业大学出版社，1996.

[23] 余谋昌. 生态文化论 [M]. 石家庄：河北教育出版社，2001.

[24] 刘向群，刘依群，刘铮. 改变世界的"垃圾"革命——论生态文明取代工业文明的必然性 [M]. 北京：学苑出版社，2009.

[25] 钱俊生. 中国资源战略的一场变革——发展资源再生产业 [M]. 北京：中共中央党校出版社，2013.

[26] 周鸿. 走近生态文明 [M]. 昆明：云南大学出版社，2010.